기꺼이 버림목이 되어
사랑을 주기로 했다

기꺼이 버팀목이 되어
사랑을 주기로 했다

김범준 지음

온더페이지
on the page

)

장자의 지혜로 풀어보는
부모와 자녀의 행복한 동행

장자 그리고 부모와 자녀
—

우리는 빠르게 변화하는 시대를 살아가고 있습니다. 치열한 경쟁 속에서 끊임없이 도전하며 앞으로 나아가야 하는 이 시대에, 종종 삶의 진정한 의미와 가치를 놓치기 쉽습니다. 특히 부모와 자녀는 세대 차이와 소통의 부재로 많은 어려움을 겪기도 합니다. 이런 상황에서 저는 동양 철학의 거장 중한 분이신 장자의 사상에서 그 해답을 찾아보고자 합니다. 장자의 철학은 개인의 내면에 집중하면서도 세상을 향해 열린 시각을 지니고 있어 현대를 살아가는 우리에게 많은 깨달음을 줄 것이라 확신합니다.

동서양을 막론하고 고전 철학자들의 머릿속에는 우리가 올바른 삶의 방향을 설정하는 데 도움이 되는 지혜가 가득 담겨 있습니다. 비록 오랜 시간이 흘렀지만, 그들의 가르침은 여전히 우리에게 깊은 통찰을 선사하고 있죠.

하지만 안타깝게도 고전 철학은 그 난도가 상당히 높아 쉽게 접근하기 어렵습니다. 당시의 사회상과 문화적 배경에 대한 이해가 선행되어야 하기에, 관련 지식 없이는 그 깊이 있는 사유의 세계로 들어가기가 쉽지 않습니다. 따라서 이 책에서는 장자의 철학에 대한 이해를 부모와 자녀의 관계로 확장하면서 그 지혜를 함께 나누어 보도록 하겠습니다.

이 책의 주요 독자는 초등학생 자녀를 둔 부모입니다. 자녀들에게 장자의 사상을 쉽게 전달하려면 부모가 먼저 그 철학을 깊이 이해하고 체득하는 것이 중요합니다. 이를 통해 우리는 자녀 교육에 장자의 지혜를 활용할 수 있을 것이며, 나아가 부모로서의 올바른 역할과 가치관을 정립하는 데도 큰 도움을 얻을 수 있을 것입니다. 장자는 '뭔가 뜬구름 잡는 말을 하던 옛날 사람'이라고 생각했던 우리에게 지극히 실용적인 이야기를 많이 들려줄 것이니 기대해도 좋습니다.

『장자』를 읽으며 자녀를 어떻게 바라볼 것인가
—

장자 사상의 핵심은 '도(道)'에 대한 이해에서 출발합니다. 그에게 있어 도란 만물의 근원이자 자연의 이치를 뜻하는데, 우리가 이 도를 깨달을 때 비로소 진정한 자유와 행복을 얻을 수 있다고 설파하고 있습니다. 이는 부모와 자녀의 관계를 바라보는 데도 지침을 줍니다. 우리가 자녀를 대하는 근본적인 자세 자체를 도의 관점에서 재정립한다면, 자녀의 고유한 개성과 속성을 있는 그대로 인정하고 사랑할 수 있게 될 것이기 때문입니다.

이를 위해 장자가 강조하는 것이 있습니다. 그것은 바로 마음의 평온함, 즉 '심재(心齋)'입니다. 내면의 고요함 속에서 세상을 바라볼 수 있어야 비로소 사물의 본질을 꿰뚫어볼 수 있다는 것이죠. 자녀 교육도 마찬가지입니다. 자신의 욕심과 기대에 사로잡혀 자녀를 특정한 방향으로 이끌려 하기보다는, 차분한 마음으로 자녀 스스로 길을 찾아갈 수 있도록 든

기꺼이 버팀목이 되어 사랑을 주기로 했다

든한 후원자가 되어주어야 합니다. 이것이야말로 장자가 말하는 진정한 부모의 도리입니다.

우리는 자녀를 대할 때도 열린 자세로 임해야 합니다. 자녀를 나의 기준과 잣대에 맞추려 하기보다는, 한 명의 고유한 인격체로 존중하고 그 자체로 사랑할 줄 알아야 합니다. 때로는 부모의 생각과 다른 길을 걸어갈지라도, 묵묵히 지켜보고 응원하는 넓은 아량이 필요합니다. 어쩌면 자녀를 기른다는 것은 우리 마음속 심재를 확인해 보는 과정이 될 수도 있지 않을까요?

또한 장자의 철학은 세속적 가치에 함몰되지 않는 자유로운 삶의 자세를 가르쳐 줍니다. 명예와 권력, 재물 같은 것들은 덧없는 것임을 일깨워 주며, 진정으로 옳고 가치 있는 것이 무엇인지를 끊임없이 되물어야 함을 강조하고 있죠. 우리 자녀들 역시 이러한 가치관을 바탕으로 올곧게 성장할 수 있도록 이끌어 주어야 합니다. 겉으로 드러나는 화려한 성공보다 내면의 충만함과 행복을 추구할 줄 아는, 정직하고 성실하며 이웃을 사랑할 줄 아는 참된 인재로 키워내는 것. 이것이 부모가 가져야 할 교육 방향이 아닐까 싶습니다.

장자는 유연하고 창의적인 자세로 삶을 대해야 한다고 역설했습니다. 고정관념과 편견에 사로잡히지 않고, 세상의 다양성을 포용하는 넓은 안목을 지녀야 한다는 것이죠. 급변하는 시대를 살아가는 우리 자녀들에게 이보다 더 필요한 덕목이 있을까요? 기성세대가 만들어 놓은 틀에 얽매이지 않고 창의적이고 주도적으로 미래를 개척해 나가는 현명한 인재, 어려움 앞에서도 좌절하지 않고 유연하게 대처할 줄 아는 강인한 인재, 우리는 장자의 지혜를 빌려 사랑하는 자녀들을 이 시대가 요구하는 참된 인재로 성장시켜야 합니다.

우리는 장자에게서 스스로에 대한 끊임없는 성찰과 수양의 중요성을 배워야 합니다. 장자 사상의 근간에는 내면을 들여다보고 자신을 돌아보는 일관된 자세가 흐르고 있습니다. 진정한 성장이란 외부로 향하기에 앞서 자기 자신과 진실하게 마주하는 데서 비롯되는 법입니다. 부모 역시 자녀를 키우는 일에만 매달릴 것이 아니라, 그 과정을 통해 함께 배우고 성장해 나가야 합니다. 자녀를 거울삼아 나 자신을 성찰하고 끊임없이 새로운 가능성을 모색하는 자세야말로, 자녀에게 진정한 본보기가 될 수 있을 것입니다.

장자와 함께하는 행복한 양육의 시작점에서

—

우리는 지금 자녀 교육을 둘러싼 수많은 혼란과 고민 속에 살고 있습니다. 급변하는 시대에서 자녀들이 올바른 길을 걸어갈 수 있도록 이끌어 주기란 결코 쉬운 일이 아닙니다. 하지만 위대한 철학자 장자의 지혜를 되새기며 자녀들과 함께 소통하고 공감해 나간다면 어려운 환경에서도 사랑하는 자녀들과 행복한 시간을 누릴 수 있을 거라는 힘과 용기를 얻게 될 것이라 확신합니다.

자신의 내면과 진실하게 마주하고 세상을 열린 마음으로 품어 안는 자세, 변화의 물결을 주체적으로 헤쳐나가는 유연한 사고와 창의적 도전 정신, 자신을 끊임없이 성찰하며 새로운 깨달음을 얻어나가는 겸허한 자세 등 우리 자녀들이 장자에게 배운 이 모든 것을 가슴 깊이 새기며 올곧게 성장해 나가기를, 그리하여 이 격변의 시대를 이끌어 나가는 참된 인재로 거듭나기를 진심으로 기원합니다.

부디 이 책이 우리 자녀들의 미래를 밝히는 밑거름이 되고, 부모로서 자신을 성찰하는 깊이 있는 안내서가 되기를 바랍니다. 나아가 우리 사회 전체가 장자의 지혜를 통해 조금 더 성숙해지고 건강해지기를 간절히 소망합니다. 우리 자녀들의 밝은 내일을 향한 여정에 이 책이 함께하기를 기원하며, 저 또한 부모로서 그 길을 늘 응원하고 동행하겠습니다. 감사합니다.

장자의 눈으로 자녀 양육의 지혜를 바라보기를 바라며

김범준

＞

장자의 생애에서 배우는
자유로운 삶의 예술

동양 철학의 거장, 도가 사상의 중심 인물 장자의 생애를
살펴보도록 하겠습니다.

탄생과 성장기 (기원전 369~350년)

—

장자는 기원전 369년에 중국 송나라 남부 지방인 멍(蒙)
지역에서 태어났습니다. 그의 본명은 장주(莊周)로, 어린 시
절에 대해서는 알려진 바가 많지 않습니다. 다만 그 당시 노

자의 사상이 크게 유행했기에 장자의 주변 역시 도가 사상에 심취해 있었을 것이라 추측됩니다. 그는 분명 형식에 얽매이지 않는 자유로운 사고방식을 차곡차곡 쌓아나갔을 것입니다. 인간과 자연이 하나 된 경지, 만물이 평등하다는 깨달음을 어릴 때부터 체득하지 않았을까 싶습니다.

학습기(기원전 350~340년)

—

장자는 성장하면서 본격적으로 학문에 매진하기 시작했습니다. 특히 도가 사상에 관심을 두고 노자의 가르침을 열심히 익혔다고 합니다. 단순히 노자의 말씀을 그대로 따르기보다는, 늘 의문을 품고 자신만의 철학을 정립해 나가고자 힘썼습니다. 당시 장자는 혜시라는 스승을 모셨다는 말이 있습니다. 혜시는 명철한 안목을 지닌 현자로 알려져 있죠.

하루는 제자들과 함께 산책을 나온 혜시가 말했습니다.

"세상사가 다 그렇듯, 태어남에도 때가 있고 죽음에도 때가 있는 법이다. 때를 알고 순리에 따르는 것이 도를 아는 것이다."

그 말을 곰곰이 되새기던 장자가 물었습니다.

"스승님, 그렇다면 삶과 죽음을 초월해 어디에도 얽매이지 않는 절대적 자유란 없다는 말씀이신가요?"

이에 혜시는 미소를 지으며 답했습니다.

"그대야말로 참된 도를 깨우칠 자질이 있구나. 자연의 섭리에 따르되 그 속에서 진정한 자유를 찾아가는 것. 그것이 바로 도를 체득하는 길이니라."

스승의 가르침은 장자에게 깊은 영감을 주었고, 그의 사상 형성에 결정적인 영향을 미쳤다고 합니다.

방랑기 (기원전 340~320년)

—

장자는 30대에 접어들면서 세상을 향한 넓은 시야를 갖고자 유랑을 시작했습니다. 그 당시에는 '제자백가'라 불리는 다양한 사상가가 활발하게 활동했죠. 장자는 천하를 유람하며 수많은 현자를 만나 지혜를 얻고, 때로는 토론을 벌이며 사상을 갈고닦았습니다.

어느 날 길을 가던 장자는 한 노인을 만났습니다. 노인은

차림새는 허름했지만 눈빛에서 범상치 않은 기운이 느껴졌습니다. 노인이 장자에게 물었습니다.

"그대는 어디로 가는가?"

장자가 답했습니다.

"천하를 유람하며 도를 구하고자 합니다."

그러자 노인이 빙그레 웃으며 말했죠.

"애초에 도란 어디에 있는 것이 아니다. 그대 마음속에 그리고 지금 여기, 바로 이 순간에 도가 있음을 깨달아야 한다."

장자는 노인의 말에 크게 감명받았습니다. 실제로 『장자』에는 이와 유사한 내용이 여기저기에 많이 실려 있습니다. 이렇게 장자는 자신이 만난 사람들에게 귀한 가르침을 받았습니다. 장자에게 방랑은 세상을 배우는 학교였고, 인생의 깊이를 더해주는 소중한 경험이었죠.

저술기 (기원전 320~300년)

—

장자는 40대에 이르러 그간 터득한 사상을 집대성하기로 마음먹었습니다. 하지만 글 쓰는 일이 쉽지만은 않았죠. 밤

기꺼이 버팀목이 되어 사랑을 주기로 했다

낮으로 고민에 빠져 있던 어느 날, 문득 한 가지 사실을 깨달 았습니다. 도를 말하는 건 말 그 자체가 아니라, 말에 담긴 무언가라는 것을요. 이렇게 탄생한 것이 바로 『장자』입니다.

현재 우리에게 전해지는 『장자』는 내편, 외편, 잡편 등 33편으로 구성되어 있는데요. 장자가 직접 쓴 것으로 알려진 내편 7편을 제외하고는 후대 사람들이 그의 사상을 집대성한 것으로 추정됩니다.

『장자』에는 자유로운 상상력과 해학이 가득한 우화들이 담겨 있습니다. 대표적인 것은 바로 '나비 꿈' 이야기입니다. 어느 날 장자가 꿈에서 나비가 되어 훨훨 날아다녔는데 깨어나 보니 자신이 나비였던 것인지, 지금 나비가 꿈을 꾸는 것인지 분간할 수 없었다고 합니다. 이를 통해 장자는 깨달음의 세계에 이르면 주객의 분별이 사라지고 만물이 하나가 된다는 사실을 이야기했습니다.

만년기(기원전 300~286년)

—

만년에 이른 장자는 고향인 멍 지역으로 돌아가 한적한 삶을 보냈다고 합니다. 그는 세속을 초탈한 삶을 살면서도 제자들의 방문을 거절하지 않고 따뜻하게 맞이해 주었죠. 제자들은 종종 장자에게 인생의 궁극적 도리가 무엇이냐고 물었는데, 늘 평화로운 미소를 지으며 이렇게 대답했다고 합니다.

"도란 애초에 말로 설명할 수 있는 것이 아니다. 굳이 말하자면 자연과 하나 되고, 만물을 차별 없이 사랑하며, 자신의 본성에 충실하게 사는 것. 그것이 바로 도에 다가가는 길이니라."

나이가 들어서도 삶을 향한 장자의 태도는 한결같았습니다. 한 제자가 병든 장자의 곁을 지키며 걱정스러운 기색을 보이자, 장자는 이렇게 말했습니다.

"걱정하지 말라. 나는 이미 내 삶을 충분히 누렸고, 이제는 자연의 순리대로 살아갈 뿐이다. 죽음 또한 삶의 일부일 따름이니, 두려워할 것 없느니라."

기원전 286년, 장자는 평화로운 모습으로 세상을 떠났습니다. 허무맹랑해 보이는 말장난 속에서도 깊은 철학적 통찰을 보여주었던 장자의 사상은, 자연과 더불어 살아가는 삶의 지혜를 일깨워 준다는 점에서 오늘날에도 큰 울림을 주고 있습니다.

지금까지 장자의 생애를 돌아보았습니다. 장자는 종종 알쏭달쏭한 이야기로 우리를 혼란스럽게 만들기도 하지만, 그 안에는 세속에 얽매이지 않고 자유롭게 살아가는 법에 대한 깊은 통찰이 담겨 있습니다.

장자에게서 배워야 할 것들

—

장자의 삶은 그 자체로 하나의 깨달음이었습니다. 스승을 찾아 배움에 매진했던 겸허한 자세, 천하를 유람하며 넓은 시야를 갖고자 힘썼던 개방적 사고, 깊고 심오한 통찰을 책으로 남기고자 했던 열정 그리고 만년에도 변치 않았던 평화로운 심성까지. 장자의 사상은 단순히 지식으로 이해하는 데 그치는 것이 아니라, 삶 속에서 직접 체득해야 한다는 걸 강조하는 듯합니다. 자연과 조화를 이루며 살아가고, 고정관념에 사로잡히지 않는 유연한 사고를 지니며, 내면의 자유를 추구하는 태도. 이것이 바로 장자가 평생 몸소 실천하고 살아낸 도의 정신이라 할 수 있습니다.

부모이기 이전에 한 인간으로서 장자의 철학이 우리의 시간과 공간을 멋지게 만드는 힌트가 되기를 바랍니다. 장자의 사상을 거울삼아 자신만의 삶의 철학을 만들어 나가기를 바랍니다. 세속의 기준에 휘둘리지 않고 내 안의 나침반을 따라 걸어가는 용기, 타인을 있는 그대로 이해하고 공감하는 넉넉한 마음, 자연의 순리에 따라 살아가는 지혜로운 태도를 갖춘다면 분명 우리는 장자가 꿈꾸었던 이상적 인간상에 한 발짝 더 다가갈 수 있을 것입니다.

기꺼이 버팀목이 되어 사랑을 주기로 했다

차례

1장

고집과 편견에서 벗어날 용기

2장

기꺼이 버팀목이 되어 사랑을 주기로 했다

3장
사랑과 신뢰를 갖고 기다려야 할 때

4장

부모는 자녀의 거울이다

1장

✦

고집과 편견에서
벗어날 용기

우리 자녀는
저마다의 빛깔로 반짝인다

鶴脛雖長 斷之則悲
학 경 수 장 단 지 즉 비

학의 다리가 길다고 자르면 슬프지 않겠는가.

우리의 귀한 자녀들은 한 걸음 한 걸음 성장해 나가는 과정에서 자신만의 생각과 의지를 드러내기 시작합니다. 때로는 부모의 뜻과 어긋나는 고집을 부리기도 하죠. 이는 자녀가 독립된 인격체로서 자아정체성을 형성해 나가고 있음을 보여주는 자연스러운 신호입니다. 자신의 욕구와 의견을 당당하게 표현하고, 그에 따라 행동하려 하는 것은 정상적인 발달 과정입니다.

하지만 순종적이던 자녀가 갑자기 반항적으로 변하면서 부모와 자녀 사이에 갈등이 발생하곤 합니다. 부모 말을 잘 듣고 얌전하던 아이가 제 뜻대로 행동하려 하면 당혹스럽고 버거울 것입니다. 그러나 우리는 이 시기야말로 아이가 건강하게 성장하고 있다는 증거임을 깨달아야 합니다.

자녀를 있는 그대로 온전히 이해하고 수용하지 못한다면, 부모와 자녀의 관계에 금이 가기 시작할 것입니다. 우리가 이상적으로 생각하는 '착하고 말 잘 듣는 아이상'을 아이에게 강요하는 것이 진정으로 아이를 위한 건지, 혹시 부모 자신의 만족을 위한 건 아닌지 돌아볼 필요가 있습니다.

자녀 고유의 개성과 자유로운 의사 표현을 존중하지 못하는 부모는 아이가 사소한 실수를 저질러도 쉽게 화를 내곤 합니다. 하지만 감정에 휩싸여 즉각적으로 반응하기 전에 아이가 그렇게 행동하게 된 이유를 먼저 헤아려 보아야 합니다. 가령 아이가 음료수를 쏟았다고 해서 무조건 꾸짖기부터 하는 것은 바람직하지 않습니다. 아이 스스로 문제를 해결하려 노력하는 모습을 격려하고 지지해 주는 것이 훨씬 긍정적인 교육 방식입니다.

물론 자녀의 행동이 자신이나 타인의 안전을 위협하거나, 공동체에 해를 끼칠 가능성이 있다면 단호하게 제재하고 올바른 방향으로 이끌어 주어야 합니다. 그러나 그 외 대부분의 상황에서는 아이 특유의 개성으로 받아들이고 포용하는 자세가 필요합니다. 부모에게서 무조건적인 사랑과 존중을 받은 아이들은 건강한 자존감을 얻게 되고, 스스로 정체성과 가치관을 확고히 세울 수 있습니다. 또한 세상을 향해 도전하고 모험하는 용기도 가질 수 있죠.

중학생 자녀를 둔 부모가 제게 자신의 경험을 들려주었습니다. 아이는 방과 후에 책상에 앉아 공부하는 것보다 밖에

서 축구공을 차며 뛰어노는 것을 좋아했습니다. 처음에는 축구에 열중하는 아이가 걱정되어 야단을 쳤지만, 이내 아이에게는 그것이 스트레스를 해소하고 친구들과 어울리는 소중한 시간이라는 것을 알게 되었죠. 그 후로는 아이의 취미를 존중해 주기로 마음먹었고, 아이는 즐겁게 공을 찼습니다. 놀라운 건 그 이후로 아이의 성적이 향상되었다는 것입니다. 자신을 이해해 주고 응원해 주는 부모 덕분에 아이는 공부에도 집중할 수 있었던 것이죠.

또 다른 가정의 이야기입니다. 아이는 피아노를 배우고 싶어 했지만, 부모는 영어 학원을 다녀야 한다며 아이의 뜻을 무시했습니다. 아이의 방에서 울음소리가 들려올 때도 속상한 마음을 꾹 참았죠. 그러던 어느 날, 부모는 문득 아이의 적성과 흥미를 존중해 주는 것이 자신들의 역할이라는 생각이 들었습니다. 그래서 영어 학원을 그만두게 하고 피아노 학원에 등록해 주었더니, 아이는 즐거운 마음으로 열심히 연습했고 실력도 눈에 띄게 향상되었습니다. 자신의 꿈을 응원해 준 부모 덕분에 아이는 자신감과 성취감을 얻을 수 있었던 것입니다.

사랑하는 자녀가 학령기에 접어들어 뜨거운 경쟁의 한가운데에 서게 되면, 부모의 마음도 조급해지고 걱정이 앞섭니다. 그러나 그럴 때일수록 변함없는 믿음과 끈기 있는 인내심으로 아이를 감싸안아야 합니다. 다음 세 가지 원칙을 가슴에 되새기며 실천한다면 힘겨운 시기를 지혜롭게 헤쳐나갈 수 있을 것입니다.

첫째, 경쟁을 단순히 '이기고 지는 게임'으로 치부하지 마세요. 그보다는 그동안 키워온 역량을 유감없이 발휘하고 뽐내는 기회로 여기는 것이 좋습니다. 아이가 세상이라는 무대에 당당히 모습을 드러내는 첫걸음이 바로 경쟁의 순간이니까요.

둘째, 지금 당장은 우리 아이가 다른 아이들에 비해 뒤처져 있다 해도 낙담하지 마세요. 머지않아 우리 아이가 더욱 훌륭하게 성장할 것이라는 믿음을 잃지 마세요. 인생이라는 기나긴 여정에서 순간의 성패는 롤러코스터처럼 오르락내리락하기 마련입니다.

셋째, 아이가 원하는 바를 이루지 못했다고 해서 실망하거나 좌절한 기색을 내비치지 마세요. 항상 밝고 든든한 모

습으로 아이를 격려해 주세요. 부모의 모든 말과 행동, 표정
이 자녀에게 고스란히 전해진다는 사실을 항상 명심하기 바
랍니다.

때로는 자녀가 부모의 상식으로는 도저히 이해하기 어려
운 행동을 하기도 합니다. 그럴 때일수록 경솔한 판단은 자
제하고, 귀 기울여 아이의 이야기를 들어주어야 합니다. 가
정은 실패를 겪고 상처 입은 마음을 위로받을 수 있는 안식
처가 되어야 합니다. 아이가 좌절에 빠지지 않고 실패를 디
딤돌 삼아 더 높이 비상하는 지혜를 얻을 수 있도록 옆에서
든든한 버팀목이 되어주세요.

『장자』에 이런 말이 있습니다.

鳧脛雖短부경수단 續之則憂속지즉우

鶴脛雖長학경수장 斷之則悲단지즉비

故性長非所斷고성장비소단 性短非所續성단비소속

性短非所續성단비소속 無所去憂也무소거우야

意仁義其非人情乎의인의기비인정호

彼仁人何其多憂也 피인인하기다우야

출처 : 『장자』 외편 '변무'

내용을 정리하면 이렇습니다.

'오리는 비록 다리가 짧으나 길게 늘이려 한다면 괴로워할 것이요, 학은 비록 다리가 기나 함부로 자르려 한다면 슬퍼할 것이다. 그러므로 긴 것은 절대 잘라서는 안 되고, 짧은 것은 결코 늘여서는 안 된다. 그렇게 한다고 해서 근심이 없어질 까닭이 없느니라.'

오리의 다리는 짧지만, 그 짧은 다리는 물갈퀴 노릇을 하며 물속을 자유롭게 헤엄쳐 다니기에 더없이 적합합니다. 반면 학의 다리는 길지만, 그 기다란 다리는 드넓은 벌판을 종횡무진 누비며 먹이를 찾아다니기에 더없이 적합합니다. 동물을 인간의 기준에 맞추어 억지로 다듬으려 한다면, 자연의 조화와 균형은 무너질 수밖에 없습니다. 우리 자녀들을 대하는 자세 또한 이와 다르지 않습니다. 자신만의 방식으로 씩씩하게 살아가는 아이들을 부모의 잣대로만 재단하려 한다면 아이의 장점과 잠재력이 꽃을 피우지 못할 것입니다.

아이 특유의 기질과 성향, 속도를 있는 그대로 받아들이고 기다려 주는 것. 이것이야말로 진정으로 자녀를 위한 부모의 자세가 아닐까요? 자신의 길을 척척 잘 가고 있는 어린 학의 걸음을 방해하지 않듯, 우리 자녀가 걸어갈 인생길을 늘 응원하고 지지해 주는 든든한 후원자가 되어주기 바랍니다. '학의 다리가 길다고 자르면 학이 얼마나 슬퍼할지'를 생각하면서 말입니다.

아이가 지닌 고유하고도 소중한 재능과 장점을 발견하고, 있는 그대로 품어주는 부모의 넉넉한 사랑이 있어야만, 아이들은 바르고 당당하게 자라날 수 있습니다. 스스로 삶의 주인공이 되어 올곧은 가치관을 세우고, 정의로운 세상을 만드는 데 앞장서며, 책을 통해 지혜와 통찰을 얻는 우리 아이들의 모습을 묵묵히 지켜보세요. 그것이 바로 자녀에게 줄 수 있는 부모의 가장 위대한 사랑이자 선물이 될 것입니다.

멀쩡한 자녀의 마음에
구멍을 내는 부모의 어리석음

日鑿一竅 七日而混沌死
일 착 일 규   칠 일 이 혼 돈 사

하루에 하나씩 구멍을 뚫었다. 7일 만에 혼돈이 죽었다.

자유란 인간이 누려야 할 기본적 권리이자 모든 가치의 근간이 되는 절대선이라 할 수 있습니다. 그런데 이상합니다. 모두가 한순간도 자유 없이는 살 수 없다고 말하면서도 자녀에 대해서만큼은 통제와 간섭이 당연하다고 여기는 부모가 적지 않습니다. 물론 자녀를 향한 사랑과 걱정에서 비롯된 마음일 테지만, 강요와 획일화로 점철된 교육 방식은 결국 아이들의 창의성과 잠재력마저 짓밟고 말 것입니다.

언젠가 한 모임에서 '모멸감'을 주제로 이야기를 나누었습니다. 돌아가며 자신의 아픈 경험을 진솔하게 털어놓았는데, 그중 한 분의 사연이 기억에 남았습니다. 그분은 선천적으로 다리가 불편한 탓에 어릴 적부터 목발을 사용했습니다. 그러던 어느 날, 힘겹게 지하철 계단을 오르고 있는데 낯선 아주머니가 성큼 다가와 가방을 낚아채더니 매서운 눈초리로 쳐다보며 이렇게 말했다고 합니다.

"아휴, 불쌍해라. 내가 도와줄게!"

그분은 그날 어찌나 모멸감이 느껴졌는지 그 순간을 회상하는 것조차 고통스럽다고 이야기했습니다. 그 말을 듣는 제 가슴이 다 먹먹했죠. 아무리 선의일지라도 상대방의 입장을 고려하지 않고 일방적으로 동정을 베푸는 것은 모욕이 될 수 있다는 사실을 깨달았습니다. 그 일을 계기로 그분은 타인의 시선에 주눅 들기보다 당당하게 맞서는 용기를 갖게 되었다고 합니다. 불편한 다리를 힐끔힐끔 훔쳐보는 이들에게 "뭐가 궁금해서 그렇게 보시는 거예요?"라고 되묻는 여유를 가지게 되었다고 해요.

이 이야기에서 우리는 무엇을 배울 수 있을까요? 그분은 이렇게 이야기했습니다.

"보통 사람들에게서 시선의 폭력을 느끼는 이들에게는 먼저 '제가 혹시 도와드릴 일이 있을까요?'라고 물어보는 섬세한 예의가 필요해요. 결국 상대방에 대한 이해와 배려의 마음, 상대의 자기결정권을 존중하는 태도가 무엇보다 중요한 거죠. 아이들을 대할 때도 마찬가지고요."

우리 자녀들 역시 저마다의 고유한 개성과 재능, 꿈을 지닌 한 사람의 인격체임을 잊어서는 안 됩니다. 공부를 못한다는 이유로, 특별히 잘하는 것이 없다는 이유로 일방적으로

아이의 가능성을 단정 짓고 통제하려 하는 어른들의 자세야
말로 경계해야 합니다. 때로는 스스로 선택하고 결정할 기회
를 주고, 실수를 통해 배우며 성장할 수 있도록 한 발짝 물러
서서 지켜볼 필요가 있습니다.

『장자』에서 특히 감명 깊게 본 이야기가 있습니다.

南海之帝爲儵 남해지제위숙 北海之帝爲忽 북해지제위홀

中央之帝爲渾沌 중앙지제위혼돈 儵與忽 숙여홀

時相與遇於渾沌之地 시상여우어혼돈지지

渾沌待之甚善 혼돈대지심선

儵與忽謀報渾沌之德 숙여홀모보혼돈지덕 曰 왈

人皆有七竅 인개유칠규 以視聽食息 이시청식식

此獨無有 차독무유 嘗試鑿之 상시착지

日鑿一竅 일착일규 七日而渾沌死 칠일이혼돈사

출처: 『장자』 내편 '응제왕'

남해의 임금 '숙'과 북해의 '홀' 그리고 그들이 즐겨 찾는
친구 '혼돈'이 있었습니다. 어느 날 숙과 홀은 "사람에게는

누구나 일곱 개의 구멍이 있어 보고 듣고 먹고 숨 쉴 수 있건만, 혼돈에게는 그게 없으니 구멍을 뚫어주자!"라고 말하며 의기투합합니다. 그리하여 둘은 혼돈의 얼굴에 하루에 하나씩 구멍을 똑똑 뚫습니다. 그런데 일곱 번째 날, 이게 웬일입니까. 혼돈이 숨을 거두고 만 것입니다.

이 우화에는 아이러니가 있습니다. 숙과 흘은 분명 혼돈을 위하는 마음으로 구멍을 뚫기 시작했을 것입니다. 하지만 정작 혼돈의 입장은 안중에도 없었죠. 자신들의 생각과 방식을 일방적으로 밀어붙여 끝내 혼돈을 죽음에 이르게 한 것입니다.

안타깝게도 부모가 자녀를 대하는 모습이 이와 다르지 않은 경우가 많습니다. 자녀의 앞날을 위한다는 명목으로 치열한 경쟁을 강요하고, 자신들의 기준에 아이를 끼워 맞추려 하죠. 그 과정에서 아이의 꿈과 열정은 짓밟히고, 창의성의 씨앗은 꺾이고 맙니다. 자녀를 위한다는 그 집착이 오히려 아이의 무한한 가능성을 짓밟는 결과로 이어지고 마는 것입니다.

언젠가 접한 충격적인 신문 기사가 생각납니다. 명문대 입학을 강요하던 부모 탓에 극단적 선택을 한 수험생의 이야기였습니다. 아이는 평소 그림 그리기를 좋아해 미대에 가고 싶어 했지만, 부모는 그 의견을 들어주지 않았습니다. 오로지 법대 입학만이 성공의 지름길이라 믿었던 것이죠. 결국 아이는 자신의 적성과 꿈을 버린 채 부모의 뜻에 따라 공부에 매달렸고, 그 스트레스를 이기지 못하고 세상을 등졌습니다. 자식을 향한 사랑이 어떻게 이토록 비극적인 결말을 낳은 것일까요.

우리 아이들은 모두 하늘이 내려준 귀하디귀한 선물입니다. 부모의 고정관념에 들어맞지 않는 독특한 재능을 지녔다 해도, 그 씨앗을 일찍이 꺾어버려서는 안 됩니다. 자녀의 열정이 향하는 곳이 어디든, 비전 있는 꿈이라면 그 꿈을 더욱 키울 수 있도록 도와주어야 합니다. 무작정 강요하는 것이 아니라 스스로 탐구하고 성찰할 수 있도록 도와준다면 아이들은 자신의 길을 당당히 개척해 나갈 힘을 얻게 될 것입니다.

이제는 멀쩡한 아이의 가슴에 구멍을 뚫어대는 잔인한 행위를 멈추어야 합니다. 자녀를 한 인격체로 존중하고, 그들 고유의 생각과 감수성을 이해하려 노력한다면 우리 아이들은 더욱더 건강하게 성장할 것입니다. 아이들이 사회의 편견에 흔들리지 않고 바른 가치관과 꿈을 안고 살아갈 수 있도록 부모가 먼저 삶의 모범이 되어야 합니다. 아이의 재능이 무엇이든 그 꿈을 펼쳐나갈 수 있도록 옆에서 지지해 주고 함께 고민해 주는 것. 이것이야말로 자녀를 향한 진정한 사랑이자 훌륭한 자녀 교육의 지혜가 아닐까요?

부모가 자녀의 앞날을 위해 해줄 수 있는 가장 현명한 일은 그들 안에 잠재되어 있는 씨앗들을 발견해 주고 묵묵히 지켜봐 주는 것이 아닐까 싶습니다. 자녀가 종종 잘못된 방향으로 가면 스스로 깨닫고 올바른 방향을 찾을 수 있도록 도와주세요. 세상의 편견과 차별에 흔들리지 않고 정의로운 길을 걷는 굳센 용기, 진정한 행복의 의미를 깨닫게 해줄 따뜻한 마음이야말로 부모가 자녀에게 물려줄 수 있는 가장 값진 유산이 될 것입니다.

오늘도 우리 자녀들이 자신의 꿈을 당당히 펼쳐나가기를, 그리하여 이 사회를 밝히는 빛나는 등불이 되기를 간절히 소망합니다.

자녀가 이 세상에
당당히 날아오를 수 있도록

$\cdot$

不蘄畜乎樊中

불 기 축 호 번 중

들에 사는 꿩은 아무리 편하다 해도
새장에 갇히기를 원하지 않는다.

많은 부모가 누군가가 자신의 자녀에게 "정말 착한 아이네요"라고 말하면 뿌듯해합니다. 하지만 '착한 아이'라는 말은 곧 '말 잘 듣는 아이'를 의미하기도 합니다. 반대로 부모의 뜻에 순순히 따르지 않는 아이는 버릇없고 못된 아이로 치부되기 일쑤죠. 이처럼 자녀를 누군가의 기준에 따라 '좋은 아이' '나쁜 아이'로 재단하는 것이 바람직한 일일까요? 어쩌면 우리의 욕심과 편견이 아이들의 건강한 성장을 저해하고 있는 것은 아닌지 돌아볼 필요가 있습니다.

심리학에는 '착한 아이 증후군(Good boy syndrome)'이라는 개념이 있습니다. 자신의 감정과 욕구를 솔직하게 표현하지 못하고 늘 타인에게 착한 사람으로 보이려 애쓰는 이들을 가리키는 말이죠. 이는 어린 시절 부모에게 버림받을지도 모른다는 공포심 때문에 생긴 일종의 방어기제라고 합니다. 마음에 들지 않아도 부모님 말씀은 곧 법이라 여기며 착한 아이 연기에 몰두하는 것이죠. 칭찬받고 싶어 억지로 미소 짓고, 울고 싶어도 눈물을 삼키는 아이들. 그것이 과연 우리가 바라는 자녀의 모습일까요?

'착하다'라는 말을 듣고 자란 아이들은 긍정적 평가에 젖어 자기도 모르게 그 틀에 자신을 끼워 맞추려 합니다. 그렇게 자라난 아이들은 성인이 되어서도 남의 눈치를 보며 소극적인 모습을 보이죠. 자기주도성이 부족해 부모의 뜻에 순종하기만 하는 착한 아이와 스스로 사고하고 행동하는 능력을 지닌 아이는 분명 구별되어야 합니다. 아이가 순진하다고 무조건 칭찬하기보다는, 그 이면에 숨겨진 문제는 없는지 살펴보아야 합니다.

그렇다면 우리는 어떤 부모가 되어야 할까요? 아이들의 눈높이에서 그들의 생각과 행동을 그대로 받아들이고 지지해 주는 것이 중요합니다. 예를 들어 아이가 잘못된 행동을 했다면 무작정 꾸짖기보다 왜 그랬는지 물어보고, 앞으로는 어떻게 하는 것이 좋을지 함께 고민해 보는 겁니다. 아이의 노력 또한 칭찬해 주어 자존감을 높여줄 필요가 있습니다. 특히 죄책감을 불러일으키는 말과 행동은 삼가야 합니다. 그래야 위축되고 소심한 아이가 아닌 자기 목소리를 낼 줄 아는 아이로 자랄 수 있습니다.

한 아이는 친구들과 잘 지내고 싶은 마음에 자신의 개성을 숨기고 살았습니다. 다른 사람들이 좋아할 만한 옷을 입고, 친구들이 원하는 행동만 했죠. 하지만 그럴수록 공허함이 깊어졌고, 결국 우울증까지 앓게 되었습니다. 다행히 그에게는 현명한 부모가 있었습니다. 부모는 아이의 마음을 알아채고 먼저 손을 내밀었습니다.

"네 감정을 절대 숨기지 마. 우린 네 모습 그대로를 사랑한단다."

진심 어린 대화를 통해 아이는 조금씩 마음의 문을 열기 시작했고, 점점 당당하고 쾌활한 모습으로 변했다고 합니다.

아이들은 저마다 고유한 감정과 생각, 개성을 지니고 있다는 사실을 절대 잊어서는 안 됩니다. 때로는 부모의 기대에 미치지 못한다 해도 아이 자체를 부정하거나 탓해서는 안 됩니다. 자녀가 바른 가치관을 갖고 건강하게 성장하도록 이끌어 주는 것이야말로 부모에게 주어진 사명이 아닐까요? 옳고 그름을 분별하는 혜안, 정의로운 삶의 자세, 좋은 습관을 익히는 일. 진정한 의미의 착함은 바로 이런 것에서부터 비롯됩니다.

기꺼이 버팀목이 되어 사랑을 주기로 했다

『장자』에 이런 이야기가 있습니다.

澤雉택치 十步십보 一啄일탁 百步백보 一食일식
不蘄畜乎樊中불기축호번중 神雖王신수왕 不善也불선야

출처: 『장자』 내편 '양생주'

해석하면 다음과 같습니다.

'연못가의 꿩은 열 걸음을 걸어서 한 입 쪼아 먹고 백 걸음을 걸어서 한 모금을 마시나 이것이 힘들다 하여 편히 먹고 살 수 있는 새장 속에서 살기를 바라지 않는다.'

들판을 누비는 꿩은 먹이를 찾아 이리저리 힘겹게 돌아다녀야 하지만 그래도 자유를 만끽합니다. 반면 좁은 새장에 갇힌 꿩은 풍성한 먹이를 늘 곁에 두고도 답답함을 호소하죠.

여러분의 자녀는 어떤 삶을 살길 바라나요? 비록 고단할지라도 스스로의 의지로 인생을 개척해 나가길 바라나요, 아니면 부모가 마련해 준 안락함 속에서 편안하게 살되 자신을 점점 잃어가길 바라나요. 많은 부모가 사랑이라는 핑계를 대며 자녀의 자유를 속박하곤 합니다. 좋은 대학에 보내고 안정적인 직업을 갖게 하려는 집착 때문이죠. 하지만 우리 아이들이 진정으로 바라는 건 부모가 만들어준 그림 속의 행복이 아닐 것입니다. 설령 넘어지고 깨지는 한이 있더라도, 스스로 자신의 발로 험난한 세상을 헤쳐나가는 기쁨 그 자체를 중요하게 생각할 것입니다.

잘 모르겠다면 자녀의 감정부터 읽으려 노력하세요. 기쁨과 행복은 물론, 분노와 슬픔까지도 있는 그대로 받아주는 것이 중요합니다. 감정을 억누르고 통제하려 하는 순간, 아이들은 위축되고 자신을 부정하게 됩니다. 대신 그 감정을 어떻게 표현하고 해소할 것인지 함께 고민해 주는 지혜가 필요합니다. 무조건 받아주기만 하는 것이 아니라 그에 적절한 행동을 할 수 있도록 도와주어야 합니다.

딸을 키우고 있는 한 아버지의 이야기입니다. 그의 딸은 감수성이 유난히 예민했습니다. 기쁠 때는 세상 누구보다 환하게 웃었고, 슬플 때는 밤새 울음을 그치지 않았죠. 아버지는 그런 딸의 성격이 못마땅했습니다. 그래서 "너는 왜 그렇게 감정적이니. 좀 차분해졌으면 좋겠다!"라고 말하며 혀를 끌끌 찼죠. 그러던 어느 날, 아버지는 깨달음을 얻었습니다.

'내 아이의 모든 감정은 존중받아 마땅한 거구나. 나는 그저 수용하고 지지해 주면 되는 거였어!'

아버지는 딸의 감정을 있는 그대로 바라보기 시작했고, 아이는 한층 밝고 당당한 아이로 성장했습니다.

이렇듯 부모가 자녀의 감정을 인정하고 공감해 줄 때, 아이들은 세상을 향해 마음껏 날개를 펼 수 있습니다. 자신의 생각과 느낌을 거리낌 없이 드러내며 당당하게 살아갈 수 있게 되는 것이죠. 때로는 그 모습이 불완전해 보일지라도, 넘어지고 깨지는 과정조차 축복해 줄 수 있는 너그러운 마음을 가져야 합니다. 아이 스스로 좌절을 딛고 일어서는 경험이야말로 삶의 진정한 가르침이 되어줄 테니까요.

여러분의 자녀가 앞으로 살아갈 세상은 녹록하지 않겠지만, 부디 좌절하지 않기를 바랍니다. 가끔은 외로움에 속상하고, 세상의 편견에 화가 날 때도 있겠죠. 하지만 그 모든 감정을 담담하게 받아들일 줄 아는 너그러운 마음이 있다면 결코 흔들리지 않을 것입니다. 부모로서 우리가 할 일은 아이가 광활한 세상으로 힘차게 날아오를 수 있도록 도움을 주는 것입니다. 올곧은 가치관과 정의감 그리고 자신을 성찰할 줄 아는 깊이 있는 사고력을 길러주는 것. 이것이야말로 아이들에게 물려줄 수 있는 가장 소중한 유산입니다.

아무쪼록 사회의 건강한 구성원으로 성장해 나가는 우리 아이들을 마음껏 응원해 주세요. 아이가 세상의 중심에서 자신만의 빛을 내뿜으며 당당한 모습으로 살아가게 하는 건 부모에게 주어진 최고의 사명이자 특권이니까요. 오늘도 우리 아이들이 자신만의 날갯짓으로 넓고 푸른 하늘을 힘차게 날아다니기를 희망합니다.

진정 자녀를 위한다면
기꺼이 멀어질 줄도 알아야 한다

·

爲善無近名

위 선 무 근 명

착한 일을 하되 이름에 집착하지 않는다.

인생을 살아가는 동안 우리가 어떤 선택을 할 때 반드시 기억해야 할 것이 있습니다. 그것은 자신의 결정이 누군가를 위한 희생이 되어서는 안 된다는 것입니다. 내가 감수하는 수고로움이 상대방에 대한 헌신과 봉사라는 생각을 품는 순간, 그에 대한 보상을 바라게 됩니다. 그리고 기대가 충족되지 않으면 원망과 상처로 이어지기도 하죠. 개그맨 박명수 씨의 명언처럼 "헌신하면 헌신짝 된다!"라고 한탄할지도 모릅니다.

우리는 자녀에게 지나친 '헌신'을 강요하고 있지는 않은지 돌아볼 필요가 있습니다. 부모의 욕심과 기대에 아이를 맞추려 하다 보면 불만과 원망이 깊어질 수도 있으므로 조심해야 합니다.

이러한 상황에 처하지 않으려면 어떻게 해야 할까요? 자녀와 적절하게 거리를 두어야 합니다. '사랑하는 내 아이와 거리를 둔다고? 말도 안 돼! 절대 그럴 수 없어!'라는 생각이 들 수도 있겠지만, 이는 아이의 건강한 독립을 위해 반드시 필요한 과정입니다.

'의존성 인격 장애'라는 질환이 있습니다. 이 질환을 앓고 있는 사람들은 타인의 보살핌에 과도하게 의존하고 매달리는 증상을 보입니다. 혹시 우리 아이들이 자기 자신을 돌보는 것을 두려워하고 늘 누군가가 곁에 있길 바란다면 어떨 것 같나요? 자신의 삶에서 중요한 결정을 다른 사람에게 맡기려 하고, 의견을 표현하는 것을 꺼린다면요? 분명 부모들이 원하는 모습은 아닐 것입니다. 자녀가 새로운 일을 시작하는 것을 어려워하고, 끊임없이 도움과 확신을 구하려 하는 모습을 보인다면 부모가 도움을 주어야 합니다.

어떤 부모는 이렇게 말합니다.

"부모가 충분히 능력이 있는데, 아이가 기대는 게 뭐가 문제야?"

자녀가 독립할 기회를 박탈하고 늘 곁에 묶어두는 것은 진정한 사랑이 아닙니다. 당장은 편하고 좋을지 몰라도 앞으로 아이가 세상에 나가 겪을 어려움을 생각해야 합니다. 여전히 '뭐, 어때? 품 안의 자식이라고 하잖아. 부모가 능력이 있을 때까지는 의존해도 괜찮아'라는 생각이 드나요? 그렇다면 사회에서 우리 아들딸들이 마주하게 될 상황을 상상해보기 바랍니다.

우선 자기 스스로를 돌볼 수 있다고 생각하지 않습니다. 평범한 결정을 할 때조차 확신의 말과 조언을 수없이 요구하고, 타인, 대개 한 사람에게 본인의 삶을 맡기려 하죠. 예를 들어 누군가에게 어떤 옷을 입을지, 어떤 종류의 직업을 구할지, 누구와 어울리는 것이 좋을지 알려달라며 의존하려고 합니다.

또한 소수의 의존적인 사람들과만 교류하려고 합니다. 가까운 관계가 끊어지면 즉시 대체자를 찾으려 하죠. 서둘러 보살핌을 받고 싶은 마음에 대체자를 선택할 때 이것저것 따지지 않아 최악의 선택을 할 수도 있습니다.

의존의 대상으로부터 지원을 잃거나 인정을 받지 못하는 것이 두려워 타인과의 의견 차이를 표현하는 데 어려움을 겪기도 합니다. 무언가가 잘못되었다는 것을 알면서도 타인의 도움을 받지 못할 수도 있는 위험을 감수하기보다는 대다수의 의견을 따릅니다.

화를 내는 것이 적절한 상황이라 해도 친구와 동료를 잃을 수도 있다는 두려움 때문에 화를 내지 않고, 나아가 돌봄과 지원을 받고자 무엇이든 합니다. 예를 들어 불쾌한 업무를 수행하고, 불합리한 요구를 받아들이고, 신체적·정서적·

성적 학대를 받으면서도 자신의 목소리를 내지 않죠.

스스로 아무것도 할 수 없다고 확신하기 때문에 새로운 일을 시작하거나 독립적으로 일해야 할 때 어려움을 겪습니다. 책임을 요구하는 일을 피하고, 자신이 무능하기 때문에 끊임없이 도움이 필요하다는 점을 드러냅니다. 자신의 부족함을 드러내며 의존성을 강화하죠. 결국 자신의 의존성을 지속시키고 싶은 마음에 자기 역량 강화, 독립적인 생활을 위한 능력 등을 중요하게 생각하지 않습니다.

자, 어떤가요. 그 어떤 부모도 이런 미래를 원하지는 않을 것입니다. 건강한 독립심을 키워주기 위해서라도 부모와 자녀는 일정한 거리를 유지해야 합니다. 물론 경제적·물리적 독립만으로는 부족합니다. 심리적 독립이 바탕이 되어야만 비로소 진정한 의미의 자립이 가능해지니까요.

부모라면 자녀가 누군가에게 의존하지 않고 잘 살 수 있도록 도와야 합니다. 그런데 많은 부모가 "난 이렇게 애쓰는데, 넌 왜 알아주지 않는 거야"라고 말하며 섭섭함을 토로합니다. 자신의 노력과 수고가 인정받아 마땅하다고 생각하는 것이죠. 하지만 그것은 자녀를 위한 일이 아니라 부모 자신

의 만족을 위한 일이라는 사실을 깨달아야 합니다. 상대의
반응이 자신의 기대에 미치지 못했다고 감정적으로 대하면,
우리가 내세운 '사랑'의 가치는 반감되고 맙니다.

『장자』에 이런 말이 나옵니다.

爲善無近名 위선무근명 爲惡無近刑 위악무근형

緣督以爲經 연독이위경 可以保身 가이보신

可以全生 가이전생 可以養親 가이양친 可以盡年 가이진년

출처: 『장자』 내편 '양생주'

해석하면 다음과 같습니다.

'착한 일을 하더라도 소문이 나지 않도록 하라. 악한 일을
하게 되더라도 형벌에 가까워서는 안 된다. 무엇인가를 할
때는 그 중간의 입장을 기준으로 삼아라. 이렇게 한다면 자
기 몸을 지키고 일상은 편안히 보내면서 부모를 공양하며 하
늘로부터 받은 평생을 무난히 누릴 수 있게 될 것이다.'

저는 '착한 일을 하더라도 소문이 나지 않도록 하라'라는
부분이 참 인상 깊었습니다. 남에게 드러내고 칭송받으려 할

것이 아니라 묵묵하게 해야 할 일을 하라는 뜻입니다. 자신의 역할을 다하되, 그것이 대단한 일인 양 인정받으려 애쓰지 말라는 것이죠. 자녀에게 감사의 마음을 강요하기보다 기쁜 마음으로 헌신할 때 부모 자신의 마음속에는 물론이고, 가정에 평화가 깃들 수 있습니다.

얼마 전에 한 부부 상담 전문가가 한 말이 오랫동안 머릿속에 맴돌았습니다. 갓 결혼한 신혼부부가 있었습니다. 상담 전문가는 서로에게 이렇게 물어보라고 했습니다.
"여보, 우리 집은 이제 누구 집인가요?"
이때 상대방은 이렇게 답해야 한다고 합니다.
"이제 우리 둘만의 집이죠."
시댁과 처가의 관습에 얽매이지 않고 부부만의 전통을 써나가야 한다는 뜻이겠죠. 자녀가 걸어갈 인생도 마찬가지입니다. 부모의 기대나 잣대에 얽매이기보다는 스스로 개척해나가야 합니다.

자녀에게 봉사하되, 그 행위에 대단한 가치를 부여하지마세요. 내 아이가 부모에게 의지하고 따르기만을 바라지 마세요. 아이들은 언젠가 우리 곁을 떠나 이 세상으로 나아갈 것입니다. 때로는 부모와 의견이 다를 수도 있고, 실수를 저지를 수도 있겠지만, 그 모든 과정은 성장의 디딤돌이 되어 줄 것입니다. 진정으로 아이의 미래를 위한다면 지금부터라도 마음의 준비를 하세요.

예를 들어 사춘기를 앞둔 자녀의 방에 노크를 하지 않고 함부로 들어가는 행동을 멈추어야 합니다. 배려는 그런 작은 것에서부터 시작됩니다. "내가 부모인데 그 정도도 못해?"라고 큰소리칠 것이 아니라 아이만의 영역을 인정하고 존중하는 태도를 보여야 합니다. 그것이 비록 불편하고 서먹하게 느껴질지라도 건강한 관계 형성을 위한 지혜로운 한 걸음이 될 것입니다.

부모와 자녀가 물리적으로 밀착해 있다고 해서 서로를 잘 안다고 생각해서는 안 됩니다. 그건 착각이에요. 오히려 적절한 거리 두기를 통해 상호 존중의 분위기를 만들어 나가는 것이 진정한 소통의 시작입니다.

'위선무근명(爲善無近名)', 저는 이 말을 되새기며 오늘도 부모의 길을 묵묵히 걸어가려 합니다. 내 욕심을 채우기 위해 자녀에게 강요하기보다는 무조건적인 사랑으로 아이의 꿈을 응원해 주는 어른이 되고 싶습니다. 자녀가 스스로의 힘으로 당당하게 이 세상을 살아갈 수 있도록 도와주는 것은 부모의 의무입니다. 내 자식, 내 가족이라는 소유욕을 내려 놓으세요. 그들이 '인생의 주인공은 바로 나'라는 생각으로 이 세상을 한 걸음 한 걸음 나아가는 모습을 본다면 더없이 행복할 것입니다.

‘나’를 내려놓을 때
비로소 자녀를 만날 수 있다

·

今者吾喪我
금 자 오 상 아

이제 나는 나를 잃었다.

진정한 '부모다움'이란 무엇일까요? 사실 그 답은 의외로 간단합니다. 바로 '부모'라는 이름을 잊어버릴 수 있을 때, 비로소 부모로서의 자격을 갖추게 되는 것이죠. 먼저 "다 너를 위해서 하는 말이야!"라는 잔소리부터 멈추어야 합니다. 자녀를 특별한 존재로 여기기보다 그저 한 사람의 독립된 인격체로 바라볼 때, 우리는 비로소 '어른'으로서 아이를 대할 수 있게 됩니다.

이는 영화 〈죽은 시인의 사회〉에도 잘 드러납니다. 연극에 뜻을 품은 아들에게 아버지는 사관학교 진학을 강요하죠. "넌 내가 꿈도 꾸지 못했던 기회를 가진 거야"라고 말하면서요. 왜 아버지 자신의 꿈을 아이에게 강요하는 것일까요? 물론 화려한 미래가 기다리고 있을 수도 있지만, 정말 중요한 것은 아이의 마음이 아닐까요? 자녀가 부모가 열어준 문을 안전하게 통과하는 것보다 스스로 문을 열고 나아갈 용기를 길러주는 것이 진정한 사랑임을 깨달아야 합니다.

자녀가 사회에서 당당히 인정받고 존중받기를 원한다면 부모가 먼저 자녀의 주체성을 인정해 주어야 합니다. 가장 가까이에서 아이의 생각과 감정을 귀 기울여 들을 줄 알아야 합니다. 나의 욕심과 기대를 내려놓고, 아이의 목소리에 진심으로 귀 기울이는 겸손한 자세야말로 성숙한 부모의 모습이라 할 수 있습니다. 이러한 사실도 모르면서 아이들이 세상에 주체적으로 서기를 바라서는 안 됩니다.

'아동권리협약'이라는 말을 들어본 적이 있나요? 모든 아이가 마땅히 누려야 할 생존, 보호, 발달, 참여의 권리를 명시한 국제 규약입니다. 자고 입는 것부터 폭력과 착취로부터의 보호, 잠재력 개발을 위한 교육과 놀이 그리고 자신의 의견을 자유롭게 표현하고 사생활을 보장받을 권리까지. 이 모든 것은 부모가 반드시 지켜주어야 하는 자녀만의 고유한 권리입니다.

이를 위해서는 아이를 있는 그대로 품어주고 인정하는 태도를 갖추어야 합니다. 자신과 다르다고 배척하거나 자신의 생각을 강요해서는 절대 안 됩니다. "그렇게 생각할 수도 있겠구나"라는 말 한마디로 아이의 세계관을 반갑게 맞이해 주세요. 그것이 아이를 존중하는 부모의 자세가 아닐까 싶습니다. 이는 훗날 성인이 된 자녀에게 돌려받게 될 신뢰와 사랑의 씨앗이 될 것입니다.

고등학생 자녀를 둔 부모의 이야기입니다. 부모는 늘 학업 성적에 집착하며 아이를 다그쳤습니다.

"이번에도 1등 못하면 넌 정말 쓸모없는 존재라는 걸 인정하는 거야!"

일말의 실수조차 용납할 수 없다는 듯한 부모의 태도에 아이는 늘 위축되어 있었습니다. 그러던 어느 날, 아버지는 더 이상 이래서는 안 된다는 생각에 마음을 다잡고 새로운 방향으로 대화를 시작했습니다.

"아빠는 네가 최선을 다하는 모습 그 자체를 사랑한단다. 그 무엇보다 네 행복이 가장 중요해."

그 한마디에 아이의 얼굴은 금세 밝아졌습니다. 아이의 어깨를 가볍게 해준 건 1등이라는 결과가 아니라, 있는 그대로를 지지해 주는 아버지의 마음이었던 것입니다.

이번에는 딸을 키우고 있는 엄마의 이야기입니다. 아이는 예민한 성격 탓에 늘 친구들과 마찰을 빚었습니다. 화가 나면 물불 가리지 않고 덤벼들었죠. 걱정이 앞선 엄마는 평소처럼 아이를 질책하려다 아이의 속마음에 귀를 기울여 보기로 했습니다.

"우리 딸, 많이 힘들지? 엄마가 늘 네 편이 되어줄게."

엄마가 한결같이 신뢰의 메시지를 전하자 아이는 조금씩 마음의 문을 열었습니다. 자신을 있는 그대로 품어주는 포근한 울타리 속에서 세상을 향해 당당히 나아갈 용기를 얻게 된 것이죠.

자녀에게 귀를 기울이지 못하는 이유는 무엇일까요? 부모가 '나'라는 존재에 사로잡혀 타인의 목소리를 듣지 못하기 때문이 아닐까요? 고집과 편견으로 가득 찬 아이의 진심을 읽지 못하면 안타까운 일이 반복해서 일어날 가능성이 큽니다. 자신의 생각과 감정부터 내려놓아야 비로소 자녀의 세계가 보이기 시작할 것입니다. 자신을 비워내야 자녀와 더 깊이 소통할 수 있다는 사실을 깨닫기 바랍니다.

『장자』에 나오는 이야기입니다.

今者吾喪我 금자오상아 女知之乎 여지지호

女聞人籟여문인뢰 而未聞地籟이미문지뢰

女聞地籟여문지뢰 而未聞天籟夫이미문천뢰부

출처:『장자』내편 '제물론'

이런 뜻입니다.

'지금 나는 나를 잃었다. 자네는 사람의 소리는 들었겠지만, 땅이 내는 소리는 듣지 못했을 거야. 땅이 내는 소리를 들었다 해도 하늘이 내는 소리는 듣지 못했을 거고.'

여기서 장자가 말하는 '사람의 소리'는 자기중심적인 욕망의 메아리와도 같습니다. '땅의 소리'는 일상에서 만나는 타인의 목소리를 뜻하고, '하늘의 소리'는 나와 세상이 조화를 이루며 공명하는 울림이라 할 수 있죠.

누군가의 목소리에 귀를 기울이려면 그 전에 내 속에서 들려오는 잡음부터 걸러내야 합니다. 세상에 자신의 주장만 내세우려 하지 말고, 겸허한 마음으로 귀를 기울이는 지혜가 필요합니다. 자녀와 마주할 때도 마찬가지입니다. 아이의 마음을 온전히 받아들일 준비가 되어 있나요? 편견 없이 아이의 이야기에 집중할 각오가 되어 있나요? 부모가 마음을 다잡으면 자녀와의 관계가 더욱더 돈독해질 것입니다.

'금자오상아(今者吾喪我)', 즉 '나는 나를 잃었다'라는 말을 기억해야 합니다. 어쩌면 우리는 힘들여 '좋은 부모'가 되려고 노력할 필요가 없을지도 모릅니다. 부모라는 이름을 벗어던지고 아이 앞에 한 인간으로서 서는 것만으로도 충분할 테니까요. 종종 자녀의 생각과 감정이 마음에 들지 않을 수도 있습니다. 그럴수록 대화와 경청의 자세를 놓치지 않는 것이 중요합니다. 오늘도 묵묵히 아이들의 곁을 지키며 그들만의 색을 응원하는 어른이 되기를 바랍니다.

부모가 자신을 내려놓으면 자녀와의 관계가 한층 더 가까워질 것입니다. 냉정한 말로 상처를 주지 않고 마음을 다독여 준다면 부모와 자녀 사이에 있는 벽이 허물어질 것이라 믿습니다. 언젠가 아이들이 이 세상 한가운데서 당당하게 자신의 목소리를 낼 수 있도록 한 걸음 물러서 있는 부모가 되면 어떨까요? 때로는 서툴고 힘에 부치더라도 절대 포기하지 마세요. 아이들 곁에서 든든한 버팀목이 되어주세요. 바로 이것이 부모가 할 수 있는 가장 고귀한 사랑 표현이 아닐까요?

자녀를 지지하고
함께 배우는 겸손한 어른

而果其賢乎 丘也請從而後也
이 과 기 현 호 구 야 청 종 이 후 야

"너는 정말 훌륭하다. 네 뒤를 따르겠다."

좋은 부모가 되기 위해서는 얼마나 많은 노력을 기울여야 할까요? 많은 부모가 수없이 쏟아지는 자녀교육서와 정보를 탐색하고, 선배 부모의 조언에 귀를 기울이며 나름의 지침을 세웁니다. 하지만 그 과정에서 무의식중에 생각을 제약하는 함정에 빠지기도 하죠. 자녀 양육에 대한 편견과 막연한 기대감이 바로 그것입니다. 그래서 이따금 마음에 그려놓은 자녀 양육에 대한 이상향과 현실의 괴리에 혼란스러움을 느낍니다.

물론 우리가 열심히 노력하는 이유는 자명합니다. 세상 그 누구보다 내 아이를 잘 키우고 싶은 마음이 간절하니까요. 하지만 때로는 한 발짝 물러서서 지금 내가 붙들고 있는 신념들을 돌아볼 필요가 있습니다. 내 생각이 정말 옳은 것일까. 무엇을 놓치고 있는 것은 아닐까. 일단 우리가 버려야 할 세 가지 관념에 관해 이야기해 보려 합니다.

첫째, '자녀를 키우는 일은 재미있다'라는 환상에서 벗어나야 합니다. 아이를 기르는 일이야말로 우리에게 엄청난 기

뻠과 보람을 선사해 줍니다. 하지만 동전의 양면처럼 좌절과 고충 또한 피할 수 없죠. 양육은 도전의 연속입니다. 그 고단함 속에서도 감사와 행복을 발견하면 그때 비로소 진정한 부모가 될 수 있습니다.

둘째, '자녀가 부부 관계를 개선해 준다'라는 막연한 기대를 접어야 합니다. 불화를 겪고 있는 많은 부부가 아이를 낳아 함께 키우다 보면 사이가 회복될 것이라 기대합니다. 하지만 안타깝게도 그것은 어불성설에 가깝습니다. 가정의 토대는 어디까지나 부부에게 있으니까요. 따라서 서로 간의 애정과 신뢰가 깊지 않다면 아이가 생긴다고 해서 달라질 것이 없습니다. 오히려 건강한 부부 관계야말로 자녀를 건강하게 성장시키는 원동력이 됩니다.

셋째, '사랑만 있으면 좋은 부모가 될 수 있다'라는 생각을 경계해야 합니다. 누구나 한 번쯤 '진심 어린 애정만 있다면 못할 것이 없다'라는 말을 들어본 적이 있을 것입니다. 하지만 우리가 아이에게 주어야 하는 것은 사랑만이 아닙니다. 안전하고 풍요로운 환경, 교육의 기회, 정서적 지지와 공감 등 한 인간이 온전히 성장하려면 갖추어야 할 것이 너무나도 많다는 사실을 미리 가슴에 새겨야 합니다. 다방면의 노력과 준비가 뒷받침되어야 아이를 제대로 키울 수 있습니다.

　이렇듯 우리 마음속에는 무수히 많은 편견과 착각이 가득합니다. 무엇보다 우리 자신이 늘 성숙하고 완벽한 존재라는 교만함을 경계해야 합니다. 양육이란 결국 서로가 서로에게 배워나가는 과정이라 할 수 있습니다. 매일매일 성장하는 아이의 모습에 맞추어, 부모 역시 끊임없이 변화하고 성찰해 나가야 합니다.

　『장자』에 나오는 공자의 이야기입니다.

曰왈 回坐忘矣 회좌망의 仲尼蹴然曰 중니축연왈

何謂坐忘 하위좌망 顔回曰 안회왈 墮枝體 타지체

黜聰明 출총명 離形去知 이형거지 同於大通 동어대통

此謂坐忘 차위좌망 仲尼曰 중니왈 同則無好也 동즉무호야

化則無常也 화즉무상야 而果其賢乎 이과기현호

丘也請從而後也 구야청종이후야

출처: 『장자』 내편 '대종사'

공자가 자신의 제자와 세상의 이치에 관한 이야기를 주고받습니다. '몸과 마음에서 모든 욕심과 편견을 버려라' '겸허히 자연의 이치를 따르라. 그럴 때 깨달음에 이른다'와 같은 말이었죠. 정말 좋은 말들입니다. 그러나 저는 이런 말들보다는 인용한 부분의 마지막에 나오는 말이 가슴에 와닿았습니다. 자신의 통찰을 꺼내놓은 제자에게 보여준 공자의 감탄이 너무나 인상 깊었습니다.

"정말 훌륭하구나. 너는 참된 깨달음을 얻었다. 이제 내가 너의 뒤를 따르마."

제자의 생각에 따르겠다는 공자의 말을 통해 그의 품성을 느낄 수 있었습니다. 천하의 공자도 제자에게서 배울 점이 있다는 것을 고백하며 겸손함을 보이는데, 우리 부모들도 이런 열린 마음가짐을 가질 필요가 있지 않을까요? 자녀가 부모보다 모자란 존재라는 선입견에서 벗어나 그들 나름의 생각과 철학을 존중해 주어야 합니다. 그리고 아이들에게서도 배울 것이 있다는 사실을 겸허히 받아들여야 합니다.

급변하는 시대에서 디지털 네이티브로 자라난 아이들은 우리의 상상력을 뛰어넘는 역량을 보여주고는 합니다. 그들만의 창의력과 잠재력을 일깨워 주고 지지해 주는 것이야말로 부모의 역할이 아닐까 싶습니다. 이 세상 모든 부모는 자녀들이 좋아하는 일을 하며 행복하게 살기를 바랍니다. 하지만 아이가 생소한 분야에 도전하겠다고 하면 당황스러움을 감추지 못하죠. 이래서 양육은 결코 쉽지 않습니다.

학벌 중심 사회를 살아온 부모로서는 아이의 선택이 못내 불안할 수도 있습니다. 하지만 그럴수록 마음을 열고 귀를 기울여야 합니다. 내 기준이 아닌 아이의 꿈에 귀 기울이고, 그 여정을 묵묵히 지지해 주는 것이 우리가 지향해야 할 새로운 양육의 길이 아닐까요?

얼마 전에 딸아이를 키우고 있는 지인에게서 들은 이야기입니다. 고등학교 3학년이던 딸은 돌연 대학 진학을 포기하고 바리스타의 길을 걷겠다고 선언했습니다. 명문대 출신인 부모는 받아들이기 힘든 선택이었죠. 하지만 부모는 고민 끝에 딸의 꿈을 지지해 주었습니다. 지금 딸은 카페 매니저로 근무하며 국제 바리스타 대회를 준비하고 있다고 합니다. 부모의 묵묵한 지지가 아이의 날갯짓에 바람을 더해준 셈이죠.

우리 아이들이 가진 무한한 가능성을 믿는 부모가 되면 어떨까요? 분명 아이들은 자신만의 방식으로 삶을 개척해 나갈 것입니다. 때로는 시행착오를 겪고 넘어질지도 모릅니다. 그때 우리는 그저 묵묵히 바라보며 포기하지 않을 힘을 기를 수 있도록 도와주어야 합니다. 바로 이것이 부모가 해 줄 수 있는 최고의 선물이 아닐까요? 고정관념의 틀에서 벗어나 아이의 눈으로 세상을 바라보는 혜안, 그들의 생각과 감정에 온 마음을 다해 공감하고 이해하려 노력하는 태도, 늘 아낌없이 사랑을 주는 부모의 진심이 아이를 올곧게 성장하게 하는 토양이 될 것입니다.

이 세상 모든 부모가 긍정의 말과 행동으로 자녀의 꿈을 지지하는 멋진 응원군이 되기를 소망합니다. 그들의 빛나는 내일을 함께 만들어 나가고 있다는 사실을 늘 기억하면서 말입니다. 때로는 스승처럼, 때로는 제자처럼 배움과 소통의 기쁨 속에서 함께 성장하는 부모와 자녀가 되도록 오늘도 최선을 다하면 좋겠습니다.

스스로 세상에 나아가기 위해
터널 속을 걷고 있더라

食芻豢 而後悔其泣也
식 추 환 이 후 회 기 읍 야

맛있는 고기를 먹게 되자 울었던 일을 후회하다.

부모라면 누구나 자녀를 사랑하는 마음으로 아이들의 앞날을 걱정하기 마련입니다. 하지만 자녀의 미래를 섣불리 결정하는 일은 여러모로 경계해야 합니다. 그 이유를 몇 가지 들어보겠습니다.

첫째, 아이의 잠재력을 가두어버릴 수도 있습니다. 하늘은 모든 아이에게 저마다의 재능과 열정을 주셨습니다. 그런데 부모가 먼저 나서 자녀의 미래를 결정한다면, 아이는 자신 안에 숨어 있는 가능성을 탐색하고 꽃피울 기회를 잃고 말 것입니다. 가령 부모가 의사의 꿈을 강요해 억지로 의대에 진학했는데, 알고 보니 아이에게 예술가의 재능이 있었다면 어떻게 될까요?

둘째, 자녀에게 과도한 부담을 안겨줄 수도 있습니다. 부모의 기대에 부응해야 한다는 압박감은 아이에게 큰 스트레스로 작용할 것입니다. 이는 자존감 저하로 이어질 수 있고, 심지어 자신의 꿈과 목표까지 포기하게 만들 수도 있습니다. 부모가 원하는 길을 가야 한다는 무거운 짐을 짊어진 채 살아가는 아이들을 보면 가슴이 미어집니다.

셋째, 부모와 자녀 사이에 불필요한 갈등을 초래할 수도 있습니다. 만약 부모가 아이의 미래를 일방적으로 결정하면 자녀는 반발심을 느낄 가능성이 큽니다. 결국 서로 간의 관계만 나빠지고 상처만 남게 되겠죠.

세상은 어느 때보다 빠르게 변하고 있습니다. 10년 후, 20년 후의 상황은 그 누구도 장담할 수 없습니다. 이런 상황에서 부모가 자녀의 미래를 함부로 결정한다면, 아이는 새로운 시대에 적응하기 어려워질지도 모릅니다. 그러니 정말로 자녀를 위한다면 아이의 미래를 함부로 결정하기보다는 아이 스스로 꿈을 찾고 재능을 펼칠 수 있도록 격려하고 지원해야 합니다.

이를 위해 부모가 실천할 수 있는 몇 가지 방안을 소개하겠습니다.

첫째, 자녀의 흥미와 재능을 세심히 관찰하고, 그것을 마음껏 발휘할 수 있도록 응원해 주세요.

둘째, 다양한 경험의 기회를 제공해 아이가 더 넓은 세상을 만날 수 있게 해주세요.

셋째, 자녀가 스스로 선택하고 결정할 수 있는 힘을 기를 수 있도록 도와주세요.

넷째, 자녀의 꿈과 목표를 존중하고, 어떤 길을 가든 변함없는 사랑으로 지지해 주세요.

한 학부모는 이렇게 말했습니다.

"남자아이니 어릴 때부터 운동을 좀 시켜야겠다 싶어 이것저것 해봤어요. 축구, 야구, 농구… 그런데 아이의 운동 신경이 그다지 좋지 않더라고요. 아이는 점점 운동을 싫어하게 됐어요. 저는 그 모습이 너무 마음 아팠어요. 다른 엄마들 앞에서는 부끄럽기도 했고요. 그나마 혼자 할 수 있는 수영은 그럭저럭했는데, 거기서도 문제가 생겼어요. 코치 선생님이 하시는 말씀이 그동안 우리 아이가 반 대항전에 단 한 번도 참가하지 않았대요. 알고 보니 갖가지 핑계를 대며 피해 다녔더라고요. 아이를 붙잡고 물어보니 이렇게 말하는 게 아니겠어요. '난 경쟁이 싫어. 어차피 질 텐데 창피하게 뭐 하러 나가.' 아이의 말을 듣고 순간 머리가 띵했어요."

'머리가 띵했다.' 저는 이 말이 아이에 대한 서운함은 아니었기를 바랍니다. 오히려 자녀에 대해 제대로 알지 못했던 자신을 되돌아보는 반성의 마음이었기를 소망합니다. 대부분의 부모가 아이가 태어난 순간부터 끊임없이 다른 아이들과 비교를 합니다. 몸무게와 키는 물론이고, 언제 뒤집었는지, 언제 걸었는지, 언제 말했는지까지 비교하죠.

학교에 들어가면 이런 비교는 더욱 심각해집니다. 공부는 물론이고 운동, 인기, 외모까지 온갖 것에 잣대를 들이댑니다. 비교는 어느새 우리 안에 내재화되고, 그 끝에는 반드시 승자와 패자가 있기 마련이죠. 부모는 내 아이만큼은 누구에게도 뒤처지지 않기를 간절히 바라는데, 아이들은 그런 부모의 마음을 귀신같이 알아차립니다.

물론 아이가 좋은 성과를 내면 모두가 기뻐할 것입니다. 하지만 그렇지 못할 때는 어떨까요? 아이는 책망과 실망의 눈초리, 부족함에 대한 자책감, 스스로를 향한 분노 등 감당하기 힘든 감정의 소용돌이에 내던져질 것입니다.

경쟁 그리고 비교에 시달리는 아이들에게는 결국 두 가지 선택지밖에 주어지지 않습니다. 완패를 피하고자 도전을 아예 포기하는 것 혹은 이기려고 필사적으로 덤비는 것. 전자는 스스로를 패배자로 낙인찍는 일이고, 후자는 실패의 쓴맛을 고스란히 맛보게 될 위험이 있습니다. 우리가 정말 아이들에게 바라는 것이 이런 걸까요? 이런 것이 아이의 삶에 진정 의미 있고 가치 있을까요?

몇 해 전에 있었던 일입니다. 유튜브가 일상에 서서히 스며들 무렵이었죠. 저는 스포츠 영상에 관심이 많았는데, 아이들은 각자 취향대로 채널을 구독하더군요. 아이들의 채널 목록에서 단연 눈에 띈 것은 '먹방'이었습니다. 저는 너무 의아했습니다.

'왜 남이 먹는 걸 보는 거지? 이런 걸 보면 아이들의 식습관이 망가지지 않을까? 이런 걸로 돈까지 벌다니!'

그런 영상을 보고 자라는 우리 아이들이 너무 걱정되었습니다. 그런데 지금 생각해 보면 부끄러운 마음이 듭니다. 제 안의 선입견이 얼마나 독선적이었는지 반성하고 또 반성했습니다. 유튜브가 하나의 커뮤니케이션 도구로 자리매김한 요즘, 오히려 변화하는 시대의 흐름을 읽어낸 아이들이 대단해 보입니다. (물론 돈벌이로만 생각하는 것은 곤란하지만요.) 세상은 넓고, 매우 빠른 속도로 변하고 있습니다. 부모가 아이보다 오래 살았다고 해서 모든 것을 안다고 착각하는 순간, 우리는 우물 안 개구리에 지나지 않게 됩니다.

『장자』의 많은 이야기 중에서 제가 미래에 대한 막연한 불안감에 시달릴 때 교훈으로 삼는 부분이 있습니다.

麗之姬 여지희 艾封人之子也 애봉인지자야

晋國之始得之也 진국지시득지야 涕泣沾襟 체읍첨금

及其至於王所 급기지어왕소 與王同筐牀 여왕동광상

食芻豢 식추환 而後悔其泣也 이후회기읍야

출처: 『장자』 내편 '제물론'

내용을 정리하면 이렇습니다. 애(艾)라는 지역에 여희라는 여인이 있었습니다. 그녀는 벼슬하는 아버지 밑에서 자랐지만 진나라 궁궐로 끌려가고 말았죠. 여희는 두려움에 떨며 하염없이 눈물을 흘렸습니다. 그런데 시간이 흘러 화려한 궁중 생활에 적응하면서 놀라운 변화가 일어났습니다. 안락한 방에서 자고, 맛있는 음식을 배불리 먹을 수 있게 된 것이죠.

기꺼이 버팀목이 되어 사랑을 주기로 했다

호사스러운 일상이 계속되던 어느 날, 여희는 눈물을 흘리며 이렇게 말했습니다.

"이런 곳에 더 일찍 오지 못한 것이 한이로구나!"

고향에 있는 가족들은 여희의 마음속에서 지워진 지 오래였습니다.

재미있는 이야기죠? 그렇다면 장자가 이 이야기를 통해 전하려던 것을 무엇일까요? 단순히 여희의 경솔함을 꾸짖으려 함은 아니었을 것입니다. 오히려 인생의 고난을 대하는 우리의 자세에 대해 묻고 있는 것 같아요. 우리는 종종 언젠가 다가올지도 모를 시련과 역경을 두려워합니다. 마치 넘을 수 없는 높은 벽처럼 느껴지죠. 하지만 그 앞에서 좌절하고 물러선다면, 우리의 인생은 거기서 멈출 수도 있습니다.

부모도, 자녀도 마찬가지입니다. 언제 어떤 벽에 가로막힐지 모릅니다. 하지만 장자는 묻습니다.

"그대는 새로운 세상을 향해 나아갈 준비가 되었는가?"

사실 우리가 두려워하는 장벽은 알고 보면 솜사탕에 불과할지도 모릅니다. 이 대목에서 한 가지 질문을 던지고 싶습니다. 과연 우리가 아이들에게 강요하는 기준들이 평생 그들에게 유익할까요? 그렇다고 확신할 수 있나요?

누구에게나 그리운 과거가 있을 것입니다. 지나간 영광의 순간들 말이죠. 하지만 인생은 늘 새로운 가능성을 품고 있습니다. 오늘의 그늘이 내일의 빛을 밝히는 디딤돌이 될 수도 있습니다. 어쩌면 자녀에게는 지루한 옛이야기로 들릴 뿐인 부모의 과거가 따분하고 의미 없는 기준에 불과할지도 모릅니다. 우리 아이들은 가장 어두운 터널을 지나야 빛나는 세상을 만날 수 있다는 사실을 이미 알고 있을지도 모릅니다.

물론 그렇다고 해서 자녀의 모든 선택을 무조건 존중하라는 것은 아닙니다. 다만 아이에게 우리의 기준을 강요하는 일만큼은 멈추어야 한다는 것이죠. 부모에게는 자녀를 이끄는 나침반이 되어주어야 할 의무가 있습니다. 하지만 그 방향을 일방적으로 강요해서는 안 됩니다. 아이 스스로 삶의 항로를 찾을 수 있도록 든든한 후원자가 되어주는 것. 그것이 진정한 부모의 사랑이 아닐까요?

자녀가 선택한 길에 우여곡절이 있을지라도 낙담하지 않도록 응원해 주세요. 때로는 실수를 통해 더 많이 배우고 성장할 수 있다는 사실을 일깨워 주세요. 무엇보다 아이의 꿈을 존중하고, 언제나 한결같은 마음으로 지지해 주세요. 그러면 우리 아이들은 분명 당당하게 제 길을 개척해 나갈 것입니다. 이제 우리가 새겨들어야 할 메시지는 명확해 보입니다. 아이에게 가장 필요한 것은 부모의 절대적인 신뢰와 응원입니다.

내 아이는 못할 것이라는 선입견, 내 뜻대로 이끌어야 한다는 독선은 이제 과감히 내려놓아야 합니다. 대신 자녀의 눈높이에서 세상을 바라보고, 아이의 고민에 귀 기울이는 노력이 필요합니다. 비록 그 길이 우리가 걸어온 길과 다를지라도, 묵묵히 손을 잡아주는 든든한 후원자가 되어주세요.

앞으로 우리 아이들은 숱한 좌절과 역경을 만나게 될 것입니다. 그럴 때 부모의 강력한 지지가 있다면 결코 쓰러지지 않을 것입니다. 세상 그 어떤 벽에도 맞설 용기를 갖고 있을 테니까요.

뛰어난 능력을 지녔든 평범하든, 모든 아이는 부모에게 온전히 사랑받고 존중받을 권리가 있습니다. 내 자녀의 장점을 발견하고 격려해 주세요. 이렇게 오늘도 자녀와 함께 성장하는 기쁨을 누려보세요. 아이의 눈으로 세상을 바라보고, 묵묵한 지원자가 되어주는 일이 쉽지만은 않겠지만, 우리 아이가 당당히 제 꿈을 펼칠 수 있도록 힘을 내기 바랍니다.

기꺼이 버팀목이 되어 사랑을 주기로 했다

2장

✦

기꺼이 버팀목이 되어
사랑을 주기로 했다

---·---

정성스러운 한 끼로
자녀에게 전하는 사랑의 온기

·

三年不出 爲其妻爨
삼 년 불 출 위 기 처 찬

3년 동안 집 밖을 나가지 않은 채
오로지 아내를 위해 밥을 짓다.

---·---

자녀를 향한 부모의 참된 사랑은 무엇으로 표현될 수 있을까요? 화려한 선물이나 멋진 여행도 좋겠지만, 그보다 더 소중한 것은 매일 정성껏 마련하는 식탁에서 아이와 마음을 나누는 시간이 아닐까 싶습니다. 부모와 자녀 사이에 어떠한 갈등과 단절이 있다면, 먼저 가족을 위해 따뜻한 한 끼를 차린 경험이 있는지 돌아보아야 합니다. 그동안 사랑하는 자녀를 위해 맛있는 음식 하나 제대로 마련하지 못했다면 아빠 엄마 할 것 없이 반성해야 합니다.

물론 요리가 모두에게 즐겁고 수월한 일은 아닙니다. 하지만 자녀의 건강한 성장을 바란다면 그 어려운 일을 해내야 하지 않을까요? 일 때문에 바쁘다는 핑계로 가족과 함께하는 식사 시간을 소중히 여기지도 않으면서 자녀가 배달 음식을 즐겨 먹는다며 한탄하는 부모가 많습니다. 그러면서도 식탁에 마음을 쏟을 생각은 하지 않으니 참으로 안타까울 따름입니다.

최근 SNS에서 화제가 된 글 하나를 소개하겠습니다.

'어머니의 요리 실력은 최악이었어요. 아버지 퇴근 시간이 다가오면 냉장고에서 반찬 몇 개를 꺼내 식탁에 대충 놓기만 할 뿐, 제대로 된 식사 준비라고는 하신 적이 없었죠. 짜증을 내는 아버지 앞에서 엄마는 "잘할게요"라는 말만 되풀이했습니다. 요리책 한 권 사 보시는 일 없이 말이죠.'

자식의 마음에 남은 서운함이 느껴지지 않나요? 이와 정반대의 사연도 있습니다.

'저희 어머니는 식구들 반찬을 늘 신경 쓰셨어요. 시장에 가 좋은 재료를 고르고, 온종일 주방에서 요리를 하셨죠. 덕분에 집에는 늘 정갈하고 맛있는 음식이 가득했어요. 아버지도 어머니의 음식 솜씨를 무척이나 자랑스러워하셨죠. 지금도 어머니의 손맛을 잊을 수 없어요. 사랑이 녹아 있는 맛이랄까요?'

부모의 마음이 고스란히 전해지는 식탁은 자녀에게 따뜻한 기억으로 오래도록 간직되나 봅니다.

아이의 눈높이에서 생각해 보면 어떨까요? 친구 부모님은 아이를 위해 직접 빵과 쿠키를 굽고, 시원한 된장찌개와 노릇노릇한 삼겹살로 식탁을 가득 채워주시는데, 우리 집은 며칠째 먹고 있는 반찬이 전부라면 자녀의 마음이 어떨까요? 밤늦게까지 공부하다 돌아온 자녀에게 따뜻한 국물 한 그릇 내주지 못하는 부모는 부모 역할을 다하지 못하고 있는 것입니다.

요리는 결국 연습과 정성의 문제입니다. 실력이 늘지 않는다 해도 포기하지 말고 자녀를 위해 끊임없이 노력해야 합니다. 설령 요리 솜씨가 별로여도 자녀들은 부모의 음식을 최고로 여기며 감사할 줄 압니다. 그런데도 아이가 불만을 표한다면, 아이 입맛을 탓하기 전에 내 노력이 부족하지는 않았는지 생각해 보아야 합니다.

같은 반찬을 며칠째 주면서 "이러다 영양실조 걸리겠다. 뭐라도 시켜 먹자"라고 말하며 한숨 쉬는 자녀에게 돈 낭비 좀 하지 말라고 타박하는 부모가 있습니다. 정말 부끄럽기 그지없습니다. 아무리 바쁜 일이 있어도 가족의 건강한 식단을 챙기는 것은 부모의 기본 의무임을 절대 잊어서는 안 됩니다. 제대로 된 식사도 챙겨주지 못하면서 어떻게 자녀에게 당당할 수 있습니까? 직접 해준 음식을 맛있게 먹는 자녀의 모습을 보고 싶지 않나요?

한 주부의 이야기입니다.

'시댁 식구들이 한자리에 모이는 명절이면 남편은 어김없이 어머니 음식 타령을 합니다. 어머니가 해주셨던 갈비찜 맛은 잊을 수가 없다나요. 처음에는 섭섭했지만 지금은 이해가 됩니다. 어머님 손맛은 남편에게 있어 세상 무엇과도 바꿀 수 없는 특별한 추억인 거죠. 저도 우리 아이에게 그런 엄마가 되고 싶어요. 정성껏 만든 음식으로 아이에게 잊지 못할 사랑의 기억을 선물하고 싶습니다.'

자녀와 둘이 먹는 평범한 저녁 식사조차 소중한 추억이 될 수 있음을 잘 보여주는 사례입니다.

『장자』에 이런 말이 있습니다.

吾不及也 오불급야 壺子曰 호자왈

向吾示之以未始出吾宗 향오시지이미시출오종

吾與之虛而猗移 오여지허이의이 不知其誰何 부지기수하

因以爲茅靡 인이위모미 因以爲波流 인이위파류

故逃也 고도야 然後列子自以爲未始學 연후열자자이위미시학

而歸 이귀 三年不出 삼년불출 爲其妻爨 위기처찬

기꺼이 버팀목이 되어 사랑을 주기로 했다

食豨如食人 식희여식인 於事無親 어사무친

雕琢復朴 조탁부박 塊然獨以其形立 괴연독이기형립

忿然而封戎 분연이봉융 壹以是終 일이시종

출처: 『장자』 내편 '응제왕'

내용은 이러합니다. 계함이라는 유명한 무당이 있었습니다. 호자의 제자로 늘 학문에 힘쓰던 열자는 무슨 바람이 불어서인지 계함의 신통함에 반합니다. 그리고 자신의 스승에게 계함의 신묘함을 알리죠. 호자는 계함을 데려와 보라고 합니다. 그렇게 스승과 계함이 만나게 되는데, 계함은 열자에게 "당신의 스승은 곧 죽을 것이다"라고 말합니다. 열자는 이를 스승에게 전하고, 호자는 다시 계함을 데려오라고 합니다. 그렇게 스승과 계함은 다시 만났고, 계함은 열자에게 "나를 만난 덕에 당신의 스승은 죽을 고비를 넘겼다"라고 말합니다.

깜짝 놀란 열자는 이를 다시 스승에게 전합니다. 호자는 열자에게 계함을 다시 데려오라고 말합니다. 호자를 세 번째 만난 계함, 이번에는 아무 말도 하지 못하고 줄행랑을 칩니다. 신통하게 귀신처럼 길흉을 알아맞히던 계함이었으나 있는 그대로의 자기 모습, 즉 자신을 텅 비워 사물의 변화에 순응하는 호자의 기에 눌린 것이었습니다.

이를 옆에서 보고 듣던 열자는 부끄러움을 느끼고 고향으로 돌아갑니다. 그렇다면 고향으로 돌아간 열자는 공부에 매진했을까요? 아니었습니다. 흥미롭게도 열자는 고향에서 3년 동안 집 밖으로 한 걸음도 나가지 않고, 아내를 위해 밥을 짓고 돼지를 기르는 일만 했다고 합니다. 사람들은 의아해했지만 장자는 이를 두고 이렇게 말했습니다.

"열자는 그렇게 평범한 일상을 살아내며 세속의 욕망에서 벗어나 자기의 내면에 깃든 지혜를 발견했노라!"

열자는 대단하고 신묘한 그 무엇이 아닌 자신의 모습을 있는 그대로 보여줄 수 있는 소박한 삶에서 인생의 참 행복을 깨달은 것입니다. 마찬가지입니다. 우리 아이들과도 저 멀리 화려한 리조트에 놀러 가는 것보다 주방에서 함께 음식을 만드는 시간이 훨씬 더 의미 있을 수 있습니다. 소중한 자녀와의 관계는 거창한 계획이 아닌 매일의 작은 교감 속에서 하나하나 쌓아나가는 것이니까요.

늘 바쁘다는 이유로 아이를 재촉하고 다그치기보다 사랑

기꺼이 버팀목이 되어 사랑을 주기로 했다

이 가득한 미소로 아침을 열어주는 여유를 가져보는 것이 어떨까요? 이런 모습을 상상해 봅시다.

'행복한 가족들의 웃음소리가 집 안을 가득 채웁니다. 부모님은 포옹으로 잠에서 깬 아이를 맞아주고, 간지럼을 태우며 장난을 칩니다. 아이도 깔깔대며 즐거워하죠. 식탁에는 맛있는 음식이 한가득 놓여 있습니다. 다 함께 둘러앉아 먹는 아침 식사. 이 따뜻함이 바로 가족의 행복입니다.'

자녀에게 하루를 시작하는 첫 경험은 무척이나 중요합니다. 투덜거림과 잔소리가 아닌 포근한 미소와 사랑의 인사로 하루를 시작하면 얼마나 좋을까요? 매일매일 정성 어린 아침을 쌓아나가면 자녀는 삶의 든든한 버팀목을 갖게 될 것입니다. 부모의 손맛을 그리워하고 감사할 줄 아는 아이로 키우는 것. 이것이 바로 고대 사상가 장자가 일깨우고자 한 양육의 지혜가 아닐까 싶습니다.

무심코 흘려보낸 소중한 순간들이 사실은 자녀의 마음에 깊이 새겨진다는 사실을, 화려한 이벤트보다 매일의 작은 행동이 자녀에게 더 큰 감동을 준다는 사실을 꼭 기억하세요. 오늘부터라도 가족이 둘러앉는 식탁에 관심과 애정을 보여주세요. 한 끼 한 끼가 쌓여 우리 아이의 가슴에 평생 남을 사랑의 흔적이 되어줄 테니까요. 이것이 정성스럽게 차린 밥상으로 가족의 행복을 만들어 나가는 사랑 가득한 부모가 되도록 노력해야 하는 이유입니다.

장자의 가르침에 따르면 자녀 교육의 핵심은 화려한 성취가 아니라 일상을 꾸려가는 소박한 행복에 있습니다. 아침 식사 시간만이라도 온 가족이 웃으며 함께한다면 우리 아이들은 더 행복하고 건강하게 자라날 것입니다. 정성스러운 밥 한 끼에 담긴 부모의 사랑으로 오늘도 우리 아이들이 힘차게 하루를 시작하면 좋겠습니다.

기꺼이 버팀목이 되어 사랑을 주기로 했다

자녀의 눈높이로 바라볼 줄 아는
사랑과 소통의 기술

•

毛嬙西施 人之所美也 魚見之深入
모 장 서 시 인 지 소 미 야 어 견 지 심 입

절세 미녀인 모장과 서시를 물고기가 보았다.
그 물고기 저 물속 깊이 숨어버렸다.

"부모님과는 언제부터 말을 하지 않았나요?"

"음, 정확하지는 않지만, 중학교 2학년 올라가면서요."

"왜 그때부터 부모님과 대화를 하지 않은 거죠?"

"더 말해도 소용없다는 생각이 들었어요."

고등학교 1학년 남학생이 한 심리상담실을 찾았습니다. 그는 중간고사 때 시험지를 받았는데 손바닥에 땀이 너무 많이 나 펜이 잡히지 않고, 가슴이 벌렁대고, 갑자기 숨이 멎는 것 같은 기분이 들었다고 이야기했습니다. 문제는 불안 반응이 점점 더 심해진다는 것이었습니다. 그런데 부모는 그저 아이가 잠을 제대로 자지 못해 나타난 증상이라고 생각했습니다.

아이는 엄마와의 대화가 늘 엇갈리기만 한다며 속앓이를 했습니다. 엄마는 아이가 무슨 말을 하려고 하면 "그게 아니고"로 시작해 기어코 자신의 말을 모두 쏟아냈습니다. 다른 친구와 비교하는 말도 서슴지 않았죠. 아이가 중간에 설명을 하려 해도 듣지 않아 아이의 괴로움은 점점 커져갔습니다.

기꺼이 버팀목이 되어 사랑을 주기로 했다

우리 주변에서도 이런 일이 적지 않게 일어나고 있습니다. 많은 부모가 자녀에 대한 염려로 누군가와 비교를 하는 경우가 많습니다. 학년이 올라갈수록 걱정이 앞서고, 친구들의 성취에 자극을 받아 "너는 왜 저 아이만 못하니?"라는 말을 내뱉기도 하죠. 부모는 자녀를 향한 사랑과 걱정에서 우러나온 충고라고 생각할 수도 있지만, 정작 아이에게는 상처가 되고 맙니다. 부모라면 아이가 마음의 문을 닫기 전에 아이의 내면의 목소리에 귀를 기울여야 합니다.

인간이라면 비교라는 틀에서 자유로울 수 없습니다. 내 아이가 친구보다 부족해 보이면 불안한 마음에 아이를 다그치게 됩니다. 그런 상황에 놓이면 잠시 숨을 고르고 '이것이 진정 아이를 위한 사랑인지, 부모 자신의 욕심은 아닌지' 스스로에게 질문해 보세요. '네가 남보다 못해서 속상해'라는 메시지는 아이의 마음에 상처와 좌절만 남길 뿐입니다.

비교와 경쟁보다는 우리 아이만의 고유한 가치를 소중히 여기는 자세를 지녀야 합니다. 여러분의 자녀에게 가장 필요한 것은 무엇일까요? 호화로운 여행도, 비싼 옷도 아닙니다. 부모의 사랑과 격려, 자신의 마음을 알아주는 따뜻한 눈빛이면 충분합니다. 이것이 바로 아이가 진정으로 원하는 것입니다.

『장자』에 나오는 이야기입니다.

毛嬙西施 모장서시 人之所美也 인지소미야
魚見之深入 어견지심입 鳥見之高飛 조견지고비
麋鹿 미록 見之決驟 견지결취
四者孰知天下之正色哉 사자숙지천하지정색재

출처: 『장자』 내편 '제물론'

이 이야기에는 모장과 서시라는 천하절색이 등장합니다.
하지만 물고기, 새, 사슴은 그들을 피해 달아날 뿐이죠. 누구
에게나 첫손에 꼽히는 미녀이지만, 다른 생명에게는 그저 성
가신 존재에 불과했던 것입니다. 만약 모장과 서시가 이렇게
생각한다면 어떨까요?

'왜 나의 외모를 몰라보는 거지?'

참으로 어리석지 않나요? 상대방의 마음을 전혀 읽지 못
한 무지의 결과입니다.

자녀를 대하는 우리의 모습도 이와 다르지 않습니다. 아무리 "사랑해!"라고 외쳐도 정작 아이의 마음을 헤아리지 못한다면, 미녀와 물고기의 관계처럼 멀어지고 말 것입니다. 부모의 일방적인 잣대나 욕심을 앞세운 채 아이에게 다가서면 대화는 이루어질 수 없습니다. 아이의 세계에 입장하려면 겸허한 자세를 갖추어야 합니다. 아이의 생각과 감정에 귀를 기울이고, 있는 그대로 존중하는 태도가 필요합니다. 아이를 한 명의 인격체로 대할 때, 비로소 건강한 소통을 시작할 수 있습니다.

다름을 인정하되, 그 다름에서도 함께 성장해 나가는 지혜를 얻었으면 합니다. 때로는 아이가 원하는 것을 먼저 내어줄 수 있는 여유가 필요합니다. 마치 물고기에게 먹이를 주는 것처럼 사랑하는 자녀에게 그들의 언어로 한 걸음 한 걸음 다가가세요. 그렇게 조금씩 신뢰를 쌓아간다면 언젠가 아이도 부모의 진심을 알아차리고 손을 내밀어줄 것입니다.

한 어머니의 이야기입니다. 활발하고 쾌활했던 아들은 중학생이 된 뒤로 말수가 줄었습니다. 친구 일로 스트레스를 받는 것 같았지만, 물어보아도 대답이 없었죠. "엄마는 항상 네 편이야'라고 말하며 다독여도 보았지만 그저 자리를 피할 뿐이었습니다. 그러던 어느 날, 어머니는 문득 이런 생각이 들었습니다.

'내가 아이의 눈높이로 바라봐 주지 않았구나!'

그날부터 어머니는 아들이 좋아하는 농구 경기를 같이 보며 조금씩 대화를 시작했습니다. 어색하고 서툴렀지만 포기하지 않았죠. 며칠 후 어머니는 아들에게 "같이 농구하는 친구들과는 잘 지내?"라고 물었습니다. 그러자 아이는 입을 열었고, 어머니가 공감하며 묵묵하게 이야기를 들어주자 조금씩 마음의 문을 열었습니다.

절세미인도 상대방의 마음을 모르면 그저 외면받을 뿐입니다. 사랑하는 사람의 마음에 스며들려면 나 자신부터 내려놓아야 합니다. 내 생각만 고집하기보다 상대의 감정을 읽으려 노력하고, 상대의 속도를 기다려 주어야 합니다. 그래야만 소통이라는 열매를 거둘 수 있습니다. 그렇습니다. 사랑과 소통의 기술은 하루아침에 깨우칠 수 있는 것이 아닙니다. 매일매일 실천하고 연습하다 보면 어느 순간 문득 깨달음을 얻을 수 있습니다. 인내심을 갖고 노력해 보세요.

시비를 가리지 않는
평화로운 부모가 되는 길

方生方死 方死方生
방 생 방 사 방 사 방 생

생은 곧 사가 되고 사는 곧 생이 된다.

많은 부모가 자녀를 '어린아이'라고 생각합니다. 하지만 정작 아이를 대하는 태도는 그렇지 못한 경우가 많습니다. 특히 실수나 잘못을 용납하지 않는 부모는 더욱 그렇죠. 부모는 아이를 대신해 모든 일을 처리해 주는 사람이 되어서는 안 됩니다. 오히려 실패를 경험해도 좌절하지 않고 스스로 일어날 수 있는 힘을 길러주는 것이 중요하죠.

아이는 경험이 적고 사고와 판단이 서툴기에 당연히 실수투성이일 수밖에 없습니다. 아이가 실수를 할 때마다 트집을 잡으며 나무란다면 아이는 엄청난 스트레스를 받을 것입니다. 넘어지고 깨지는 과정을 지켜봐 주는 너그러운 태도야말로 강한 성장을 돕는 지름길이 될 것입니다. 아이에게 시행착오는 값진 경험이자 성장의 자양분이 될 테니까요.

자녀의 실수에 대한 부모의 반응은 그들과의 관계를 좌우하기도 합니다. 완벽을 강요하기보다 포용하는 자세로 기다려 주면 아이는 도움이 필요할 때마다 부모를 찾아올 것입니다. 반면 사소한 일에도 호들갑을 떤다면 아이는 점점 마음의 문을 닫겠죠. 도움이 절실할 때 비로소 개입하는 것. 그것이 바로 현명한 부모의 자세입니다.

주위를 둘러보면 자녀에게 과잉보호로 위장한 간섭과 통제를 하는 부모가 있습니다. 그것은 결코 아이를 위한 사랑이 아닙니다. 오히려 부모 자신의 불안과 욕심이 투영된 것이라 볼 수 있죠. 이는 아이가 독립적이고 당당한 어른으로 성장하는 걸 가로막는 것과 다름없습니다. 통제해야 할 것은 아이의 행동이 아니라 부모 자신의 마음가짐입니다.

부모와 자녀가 시시비비를 가리며 다투기도 합니다. 서로 자기 생각이 옳다며 목소리를 높입니다. 정말 안타까운 상황이죠. 그런데 이는 대등한 위치에 선 어른들 사이에서나 볼 법한 광경이 아닐까요? 부모의 권위는 말싸움으로 얻어지는 것이 아닙니다. 자녀와 말싸움을 하는 순간 이미 부모로서의 위치를 잃은 것과 다름없습니다.

그렇다면 어떻게 대처해야 할까요? 우선 아이가 반항하는 태도 자체를 권위에 대한 도전으로 받아들이지 않아야 합니다. 아직 미숙한 아이는 감정을 표현하는 방식 또한 서툴수밖에 없다는 사실을 인정하는 것이 먼저입니다. 그런 다음에 아이가 불편한 감정을 스스로 해소할 수 있도록 도와주세요. 말싸움을 피하고 아이의 마음에 귀 기울이는 것만으로도 갈등은 한결 누그러질 것입니다.

나아가 오히려 아이에게 조언을 구하는 것도 좋은 방법이 될 수 있습니다.

"엄마가 너에게 잔소리를 많이 하는 것 같은데, 어떻게 하면 좋을까?"

아이는 뜻밖의 질문에 더는 맞설 생각을 접고 대화를 시작할 것입니다.

장자 사상에서 주목할 만한 대목이 있습니다. '옳고 그름을 다투며 시시비비를 가리려 드는 행태를 경계해야 한다'가 바로 그것입니다. 장자는 시시비비를 가리는 건 다툼과 대립만 키울 뿐, 진정한 화합에 이를 수 없다고 본 것이죠. 설령 합의를 이루어 낸다 해도 모두가 인정할 만한 결론에 도달하기는 결코 쉽지 않습니다. 저마다 다른 경험과 관점을 지녔기 때문에 옳고 그름의 기준 또한 사람마다 다를 수밖에 없습니다.

『장자』에 나오는 말입니다.

方生方死 방생방사 方死方生 방사방생

方可方不可 방가방불가 方不可方可 방불가방가

출처: 『장자』 내편 '제물론'

'생은 곧 사가 되고 사는 곧 생이 된다. 되는 게 있으면 안 되는 게 있고, 안 되는 게 있으면 되는 게 있다'라는 뜻입니다. 살다 보면 분명했던 것도 모호해지고, 불가능할 것 같던 일이 가능해지기도 하죠. 그러한데 시시비비에 연연하는 것은 부질없는 짓 아닐까요? 특히 자녀와의 관계에서라면 더욱 그렇습니다. 좋은 부모가 되려고 애쓰기보다 때로는 한 걸음 물러나 상황을 관조하는 지혜가 필요합니다.

고등학생 아들을 둔 아버지의 이야기입니다. 아들은 친구 문제로 스트레스를 받고 있었습니다. 학업에도 소홀하고 의욕을 잃은 듯한 아들의 모습에 아버지는 마음이 아팠죠. 아버지는 충고하고 다그치고 싶은 마음이 컸으나 마음을 억누르며 그저 아들 곁에 머물렀습니다. "아빠는 우리 아들이 현명하게 잘 해결할 거라 믿는다. 네 편이 되어 응원할게"라는 믿음의 메시지를 보내면서 말이죠. 그러자 아들은 조금씩 마음을 열기 시작했습니다. 지혜로운 아버지의 신뢰가 아들에게는 무엇보다 든든한 힘이 되어주었던 것입니다.

이번에는 열여섯 살 딸을 둔 어머니의 이야기입니다. 어머니는 딸이 사춘기에 접어들며 예민해진 탓에 말 한마디 건네는 것이 쉽지 않았습니다. 어머니는 가슴이 답답했지만 '그래. 옳고 그름을 가릴 게 뭐야. 이 나이 때는 다 그러려니 하고 넘어가자'라고 생각하며 마음을 비우기로 했습니다. 대신 아이가 좋아하는 음악을 함께 들으며 편안한 대화를 이어 갔죠. 어머니의 넉넉한 품 덕분에 딸은 조금씩 자신의 감정을 드러냈습니다. 이렇게 이들은 시시비비를 넘어 서로의 마음을 나누는 시간을 차곡차곡 쌓아나갔습니다.

장자가 말하는 하늘의 이치에 따른, 부모와 자녀의 바람직한 관계가 이런 모습이 아닐까요? 만물을 있는 그대로 받아들이고 포용하는 자연스러움이 정답이었던 것입니다. 내 아이가 나와 다르다고 해서 함부로 비난하거나 고치려 하지 마세요. 그 모습 그대로를 사랑하는 넉넉한 마음을 지녀야 자녀와 건강하고 행복한 관계를 이어나갈 수 있습니다.

지난날을 돌아오면 우리는 너무나 쉽게 시비에 휘말려 왔

기꺼이 버팀목이 되어 사랑을 주기로 했다

습니다. 다름을 인정하기보다 자신의 잣대를 들이대며 갈등을 낳았죠. 설령 상대가 사랑하는 자식이라 하더라도 말입니다. 하지만 이제는 달라져야 합니다. 무조건 옳고 그름을 따지기 전에 있는 그대로 받아들이는 법을 배워야 합니다. 우리는 아이의 모습을 있는 그대로 인정하고 기꺼이 끌어안을 줄 아는 부모가 되어야 합니다.

나와 생각이 다른 자녀를, 세상을 향해 당당히 나아갈 자녀를 있는 그대로 지지하고 응원해 주세요. 그 여정을 묵묵히 지켜봐 주세요. 바로 그것이 부모 곁을 떠나 세상을 향해 힘차게 비상할 아이들에게 줄 수 있는 가장 큰 선물입니다. 아이들과 시시비비를 가리느라 서로 날을 세우지 말고, 오늘도 기쁘고 평화로운 하루를 보내기를 소망합니다.

———————————— • ————————————

자녀가 빛나려면
부모부터 바뀌어야 한다

•

吾與夫子遊十九年矣 而未嘗知吾兀者也
오 여 부 자 유 십 구 년 의 이 미 상 지 오 올 자 야

"19년 동안 스승님과 함께 지냈으나

스승님은 아직도 내가 발이 하나임을 모른다네."

———————————— • ————————————

얼마 전에 우연히 한 중학교 벽면에 붙어 있던 문구를 보게 되었습니다.

'너는 너이기 때문에 특별한 거야.'

많은 의미를 내포한 문장이었지만, 그 본질은 명확해 보였습니다. 우리 아이들은 그 자체로 존엄한 존재이며, 사랑과 존중을 받을 자격이 있다는 진리 말입니다. 사실 모든 자녀가 부모에게 가장 듣고 싶어 하는 말도 이와 다르지 않을 것입니다.

"나를 있는 그대로 받아들여 주세요."

그렇다면 아이들이 부모에게 가장 듣고 싶은 말은 무엇일까요? 교육부와 푸른나무 청예단, 현대해상이 실시한 조사에 따르면 1위는 "사랑해"였습니다. 연인 사이를 떠올려 보면 쉽게 이해가 될 것입니다. 사랑에 빠지면 상대방의 모든 것이 눈부시게 아름다워 보이잖아요. 겉모습은 물론 속마음까지 있는 그대로 받아들이게 되죠. 자녀 또한 마찬가지입니다. 내 아이가 듣고 싶어 하는 "사랑해"라는 말 속에는 '부모님, 저를 있는 그대로 사랑해 주세요'라는 간절한 염원이 담겨 있는 것이 아닐까요?

"사랑해"의 뒤를 이은 것은 "괜찮아" "수고했어" "힘들지?"라는 위로의 말이었습니다. 많은 부모가 시험을 치르고 돌아온 아이에게 "시험 잘 봤어?" "몇 점일 것 같아?"와 같이 질문부터 쏟아내고는 합니다. 정작 아이가 원하는 것은 그런 평가가 아닌, 마음을 알아주는 공감일 텐데 말이죠. "많이 힘들었지. 결과가 어떻든 네가 열심히 한 것이 자랑스러워!"라는 말 한마디면 충분합니다. 우리 아이도, 부모도 누군가가 자신의 수고를 알아주기를 바라는 마음은 다르지 않을 테니까요.

3위로 선정된 말은 "고마워"였습니다. 사실 자녀가 어릴 적에는 감사할 일이 많았습니다. 세상에 태어나 준 것도, 건강하게 자라준 것도 모두 고마운 일이었죠. 하지만 성장하는 과정에서 부모는 점점 자신이 원하는 방향으로 아이를 변화시키려고 합니다. 잠시 욕심을 접어두고 오늘부터라도 매일 한 가지씩 아이에게 감사한 마음을 표현해 보는 것은 어떨까요? 아이에게 고마운 존재라는 것을 알려주는 거죠.

"미안해"도 아이들이 부모에게 듣고 싶은 말로 선정되었습니다. 아이도 엄연한 인격체인 만큼, 부모가 잘못한 일이 있다면 진심을 다해 용서를 구해야 합니다. '내 자식인데 뭐'라는 안일한 생각은 금물입니다. 사과가 필요한 순간마다 떳떳하게 인정하고 고개를 숙이는 자세야말로 아이를 존중하는 태도의 시작이 될 것입니다.

마지막으로 아이들은 "보고 싶다"라는 말을 간절히 듣고 싶어 한다고 합니다. 특히 감정 표현이 서툰 아빠에게 이 말을 듣고 싶어 하는 아이가 많았습니다. 사실 많은 남성이 애정 표현을 어색해 합니다. 하지만 꼭 말로 표현해야 하는 것은 아닙니다. 포옹 한 번, 눈빛 한 번으로도 충분히 마음을 전할 수 있습니다. 오늘부터 용기를 내 실천해 보는 것이 어떨까요?

우리 아이들은 한없이 소중하고 가능성으로 가득 찬 존재들입니다. 하지만 안타깝게도 모든 아이가 그 빛을 발하며 성장하지는 못하는 것 같습니다. 혹시 그 이유가 '너는 너이기 때문에 특별한 거야'라는 부모의 무조건적인 사랑이 부족해서는 아닐까요? 그저 말과 행동으로도 기적을 만들어 낼 수 있는데 말이죠.

『장자』에 나오는 유명한 일화를 하나 살펴볼까요?

然而不中者命也 연이부중자명야 人以其全足 인이기전족

笑吾不全足者衆矣 소오부전족자중의 我怫然而怒 아불연이노

而適先生之所 이적선생지소 則廢然而反 즉폐연이반

不知先生 부지선생 之洗我以善邪 지세아이선야

吾與夫子遊十九年矣 오여부자유십구년의

而未嘗知吾兀者也 이미상지오올자야

今子與我遊於形骸之內 금자여아유어형해지내

而子索我於形骸之外 이자색아어형해지외

不亦過乎 불역과호 子産 자산

蹴然改容更貌曰 축연개용경모왈 子無乃稱 자무내칭

출처: 『장자』 내편 '덕충부'

신도가라는 사람이 있었는데, 그는 한쪽 다리를 잃은 불구였습니다. 그런 그를 동료들은 늘 차갑게 대했죠. 하루는 함께 공부하던 한 동료가 수업이 끝나자 신도가를 향해 "자네는 여기 남게. 내가 먼저 나가겠네"라며 노골적으로 차별의 말을 내뱉기도 했습니다.

기꺼이 버팀목이 되어 사랑을 주기로 했다

하지만 그의 스승 백혼무인은 달랐습니다. 그는 19년을 함께하는 동안 제자의 신체적 결함을 단 한 번도 언급하지 않았습니다. 신도가가 "스승님은 내가 한쪽 다리가 없다는 것을 모르고 계시네"라고 말할 정도였죠. 백혼무인은 오직 배우고자 하는 사람의 간절한 마음과 열정에만 관심이 있었던 것입니다. 그에게는 스승다운 넉넉함이 가득했습니다. 그는 공부에 전념하는 신도가를 늘 지지해 주었습니다. 그의 그런 모습 때문에 많은 이가 그를 존경한 것이 아닐까요?

부모와 자녀의 관계도 마찬가지입니다. 한 아이의 엄마는 게임에 빠져 생활이 엉망이 된 아들 때문에 밤잠을 설치며 고민에 빠졌습니다. 잔소리를 해도, 체벌을 해도 달라지지 않았죠. 그러던 어느 날, 엄마는 문득 깨달음을 얻었습니다. 아들이 게임에 집착하는 건 외로움과 스트레스 때문이라는 것을요. 엄마는 행동의 결과가 아닌 과정과 마음에 집중하기로 했습니다. 엄마는 컴퓨터 앞에 앉아 있는 아들에게 살며시 다가가 물었습니다.

"요즘 힘든 일 없니? 도움이 필요하면 언제든 엄마에게 말해."

그렇게 작지만 따뜻한 대화를 시작으로 결국 아들의 마음이 움직였다고 합니다.

또 다른 이야기입니다. 초등학생 딸아이를 둔 아버지가 있었습니다. 아이는 친구와 어울리지 못해 학교에 가는 것을 싫어하더니 급기야 담임 선생님에게 반항하는 일까지 벌어졌습니다. 선생님은 아이의 아버지를 만나 이렇게 이야기했습니다.

"따님에게 무언가 깊은 마음의 상처가 있는 것 같습니다. 지금 가장 필요한 건 부모님의 사랑과 포용이에요."

선생님의 조언에 아버지는 깊이 반성하고 마음을 바로잡기로 결심했습니다. 그리고 매일 아침 딸을 꼭 안아주며 이렇게 속삭였습니다.

"우리 딸, 기분이 좋지 않을 때는 아빠에게 이야기해. 아빠는 무조건 네 편이야."

무조건적인 사랑과 지지를 아끼지 않자 아이는 조금씩 밝은 모습을 되찾았습니다.

여러분은 자녀의 어떤 모습을 보고 있나요? 부족한 점만 찾아내 다그치고 있지는 않나요? 잘못을 저질렀을 때 "괜찮아. 다음에는 잘할 수 있어"라는 위로의 말을 잊은 것은 아닌지요. 부모의 무한한 신뢰가 우리 아이에게는 다시 일어설 힘이 됩니다. 오늘부터라도 자녀를 애정 가득한 눈빛으로 바라봐 주세요. 물론 자녀가 옳지 않은 길로 접어들면 엄한 질책도 필요합니다. 하지만 그에 앞서 귀 기울이고 공감해 주려 노력하는 태도를 잃지 않기를 바랍니다.

오늘도 우리 아이들은 많은 실수를 저질렀을지도 모릅니다. 그래도 그 모습 그대로 사랑해 주세요. 넉넉한 마음으로 지켜봐 주세요. 그럼 우리 아이들은 분명 자신만의 색깔로 세상을 밝히는 멋진 어른으로 자라날 것입니다. 그 여정에 함께하는 든든한 후원자가 되어주는 것만큼 값진 부모의 역할이 또 있을까요?

저는 한쪽 다리가 없어도 공부에 대한 제자의 열정을 높이 평가하고 지지를 아끼지 않은 백혼무인처럼, 자녀의 모난 부분조차 사랑으로 감싸안을 줄 아는 진정한 어른이 되고 싶습니다. 늘 격려하며 가능성의 씨앗을 발견하고자 하는 애정 어린 눈빛, 제 아이에게는 바로 그 눈빛이 가장 필요한 것 같습니다. 한없이 부족한 부모이지만 오늘도 기꺼이 마음을 열어 아이 곁을 지키려 합니다. 언젠가 내 아이가 세상 한가운데에 우뚝 설 그날을 꿈꾸면서 말이죠.

———————————•———————————

곁에 머무르는 것만으로도
큰 힘이 된다

•

立不教 坐不議
입 불 교 좌 불 의

서 있을 뿐 가르치지 않고,
앉아 있을 뿐 의견을 내세우지 않았을 뿐인데.

———————————•———————————

초등학생 딸과 엄마가 횡단보도 앞에 서 있습니다. 신호등에 초록불이 들어오자 엄마는 발걸음을 옮겼지만 딸은 휴대폰을 보느라 그 자리에 멈추어 서 있습니다. 문득 뒤를 돌아본 엄마는 아이가 제자리에 있는 것을 확인하고 너무나 화가 나 큰소리를 칩니다.

"대체 뭐하는 거야! 정신 안 차릴 거야? 진짜 저놈의 휴대폰을 갖다 버리든 해야지!"

왜 우리 부모들은 휴대폰에 몰두한 아이의 팔을 조용히 잡고 길을 이끌지 못하는 것일까요? 왜 무사히 횡단보도를 건넌 후에 따뜻한 미소를 보내며 "길을 건널 때 휴대폰을 보면 안 되는 거야. 신호등을 잘 보고 천천히 건너는 습관을 기르면 좋겠다"라고 이야기하지 못하는 것일까요? 가르침에는 방법이 있습니다.

우리는 종종 아이를 바라보며 조급함을 느낍니다. 실수를 저지르거나 잘못된 행동을 보일 때면 목소리부터 높아지죠. 한창 뛰어놀아야 할 나이에 혹은 공부에 집중해야 할 나이에 휴대폰만 들여다보고 있는 아이를 보면 부모는 화가 나 겁부터 줍니다. 하지만 정작 아이에게는 무엇이 필요할까요? 꾸중과 질책보다는 곁에서 묵묵히 지켜봐 주는 어른의 든든한 존재감, 바로 그것이 아닐까요? 가만히 지켜봐 주는 것이야말로 아이가 건강하게 성장하는 데 가장 중요한 자양분이 될 것입니다.

좋은 부모가 되기란 참 어렵습니다. 결코 하루아침에 이루어지지 않죠. 한 장 한 장 정성스럽게 쌓아올린 벽돌이 모여 성이 되듯, 오랜 시간 꾸준히 노력해야만 비로소 가능해지는 일입니다. 세상 누구보다 내 아이를 사랑한다고 외치기 전에 자신은 과연 성숙하고 지혜로운 어른으로 살아가고 있는지 돌아볼 필요가 있습니다. 부모 역시 배움의 자세로 겸허히 나아가야 내면에서 우러나오는 힘으로 아이를 이끌 수 있을 테니까요.

오늘날 양육 현장에는 자녀의 자존감을 높이는 데 많은 관심이 쏠려 있습니다. 하지만 그보다 더 중요한 것은 부모 자신의 자존감이 아닐까요? 스스로를 가치 있는 존재로 여기지 못하는 부모는 그 불안과 열등감을 자녀에게 투영하기 마련입니다. 지나친 통제와 간섭으로 아이를 옥죄려 하죠.

반면 자신을 있는 그대로 사랑하고 존중하는 부모는 아이 또한 온전히 품어줍니다. 결점과 실수조차 따뜻한 눈빛으로 바라보죠. 그런 부모의 믿음은 아이에게 엄청난 힘이 됩니다.

한 중학생이 있었습니다. 그는 친구 관계에 어려움을 겪었습니다. 내성적인 성격 탓에 왕따를 당하기 일쑤였죠. 괴로워하는 아들을 보는 아빠의 마음 또한 너무나 아팠습니다. 아빠는 당장이라도 아들의 일에 개입하고 싶었지만, 그런 마음을 꾹 누르며 조용히 기다렸습니다. 대신 응원의 메시지를 끊임없이 전했죠.

"아빠는 네가 정말 자랑스러워. 힘들어도 포기하지 않는 그 모습이 너무 멋있어. 아빠는 언제나 네 편이 되어줄 거야. 함께 잘 이겨내자."

아빠의 지지와 사랑에 아들은 조금씩 마음의 문을 열었고, 웃음을 되찾았습니다.

우리 자녀들에게 가장 필요한 것은 자신의 곁을 든든하게 지켜주는 어른의 존재감이 아닐까요? 100점짜리 완벽한 부모가 되기 위해 애쓰기보다 한 사람의 인간으로서 성실하고

기꺼이 버팀목이 되어 사랑을 주기로 했다

겸허하게 살아가려 노력하는 모습을 보여주세요. 부모로서 행복을 잃지 않으면서 아이에게 늘 미소를 보여주고 손을 내밀어 주세요. 그래야만 부모도, 자녀도 건강하게 성장할 수 있습니다.

『장자』에 이런 이야기가 나옵니다.

魯有兀者王駘노유올자왕태 從之遊者종지유자
與仲尼相若여중니상약 常季問於仲尼曰상계문어중니왈
王駘왕태 兀者也올자야 從之遊者종지유자
與夫子中分魯여부자중분로 立不教입불교 坐不議좌불의
虛而往허이왕 實而歸실이귀

출처: 『장자』 내편 '덕충부'

왕태라는 인물이 있었습니다. 죄를 짓고 다리를 잃은 그에게는 늘 냉대와 멸시의 시선이 따라다녔죠. 그런데 이상하게도 많은 사람이 그에게 몰려들었습니다. 마치 갈증이 난 사슴들이 샘에 몰려드는 것처럼 말이죠. 대체 그에게는 어떤 매력이 있었을까요?

왕태는 깨달음을 주는 메시지도, 삶의 비밀을 전하는 화려한 언변도 갖고 있지 않았습니다. 그저 묵묵히 서 있거나 앉아 있을 뿐이었죠. 그런데 신기하게도 사람들은 그와 함께 있으면 마음속 공허함이 사라지는 듯한 기쁨, 텅 빈 가슴이 따뜻하고 포근한 무언가로 가득 채워지는 감동 등을 느꼈다고 이야기했습니다. 한마디 말도 없이 그저 자신의 곁을 지켜준 것만으로도 일종의 깨달음을 얻고 치유를 받았던 것이죠. 우리가 아이들을 대할 때도 마찬가지입니다. 그저 곁을 지켜주는 것이 가장 소중한 사랑의 표현이 될 수 있습니다.

한 고등학생이 있었습니다. 그는 치열한 입시 경쟁 속에서 심한 우울증을 앓고 있었습니다. 몸도 마음도 지쳐 무기력해진 아이를 보며 엄마도 가슴이 찢어질 듯 괴로웠습니다. 좋은 대학에 보내야 한다는 강박에 사로잡혀 아이를 다그치고 싶은 충동이 일었지만, 엄마는 그러지 않기로 했습니다. 대신 아이의 손을 잡아주며 이렇게 말했습니다.

"엄마는 네가 최고로 자랑스러워. 네 인생의 주인공은 너 자신이야. 엄마는 네 삶을 끝까지 응원해 줄 거야."

아이는 이를 어떻게 받아들였을까요? 긍정적으로 받아들

기꺼이 버팀목이 되어 사랑을 주기로 했다

이지 않았을까요?

한 대학생 딸은 취업의 문이 너무 좁아 낙심해 있었습니다. 그 모습을 지켜보는 아빠의 마음도 편치 않았죠. 아빠는 안타까운 마음에 이것저것 참견하고 싶었지만 꾹 참았습니다. 그저 딸의 고민을 들어주고 격려를 아끼지 않았습니다. 그리고 딸의 선택을 존중해 주었죠. 그것이 아빠가 해줄 수 있는 최선의 사랑이라 생각했습니다. 이렇게 말이죠.

"아빠는 우리 딸을 믿는단다. 최선을 다하는 네가 너무나 기특하고 고마워. 분명 너를 알아줄 곳이 있을 거야. 너무 걱정하지 말고 함께 기다리자."

딸은 아빠의 응원을 받으며 용기 있게 도전했고, 끝내 당당히 취업에 성공할 수 있었습니다.

자, 어떤가요. 함부로 우리 아이들을 질책하지 마세요. 부모라면 아이들의 부족함을 있는 그대로 품어주는 넓은 아량과 저마다의 고유한 색깔을 인정하고 존중해 주는 태도를 갖추어야 합니다. 우리가 먼저 겸허히 자신을 돌아보며 아이의 마음을 다독여 준다면 아이 또한 세상을 이해하고 포용하는

123

지혜를 배울 수 있을 것입니다.

물론 아이의 올곧은 성장을 바라는 마음에 좋은 것들을 보여주며 급하게 이끌어 나가려 하는 것이 부모의 본능이겠죠. 하지만 남의 눈에 완벽해 보이는 것이 진정한 교육의 목적은 아닙니다. 잘난 체하는 태도가 아니라 부족하게 여겨지는 자녀를 따뜻하게 안아줄 수 있는 겸허한 자세야말로 부모가 갖추어야 할 덕목입니다.

양육은 마라톤과 같습니다. 눈앞의 결과에 연연하기보다 긴 호흡으로 아이와 함께 걸어가는 과정 그 자체에 의미를 두어야 합니다. 때로는 넘어지고 힘에 부치기도 하겠지만 절대 포기해서는 안 됩니다.

이 세상 모든 부모가 오늘도 저마다의 방식으로 최선을 다했을 것이라 믿습니다. 부모의 사랑과 믿음이 있기에 우리 아이들은 살아가는 힘을 얻고, 이 세상을 아름답게 빛내는 귀한 존재로 성장해 나갈 것입니다.

---·---

자녀 내면의 고귀한 씨앗을 키워내는
원예가로서의 부모

·

何得車之多也? 子行矣!
하 득 거 지 다 야 ? 자 행 의 !

"수레가 정말 많구먼? 역겨우니 썩 꺼지시오!"

---·---

『장자』에 나오는 이야기입니다.

宋人有曹商者 송인유조상자 爲宋王使秦 위송왕시진
其往也 기왕야 得車數乘 득거수승 王說之 왕열지
益車百乘 익거백승 反於宋 반어송 見莊子曰 견장자왈
夫處窮閭阨巷 부처궁려애항 困窘織屨 곤군직구
槁項黃馘者 고항황혁자 商之所短也 상지소단야
一悟萬乘之主 일오만승지주 而從車百乘者 이종거백승자
商之所長也 상지소장야 莊子曰 장자왈
秦王有病召醫 진왕유병소의
破癰潰痤者得車一乘 파옹궤좌자득거일승
舐痔者得車五乘 지치자득거오승 所治愈下 소치유하
得車愈多 득거유다 子豈治其痔邪 자기치기치야
何得車之多也 하득거지다야 子行矣 자행의

출처: 『장자』 잡편 '열어구'

개인적으로 잘나가는 누군가 때문에 배가 아플 때 일종의

기꺼이 버팀목이 되어 사랑을 주기로 했다

치료제처럼 되새기는 이야기입니다. 내용은 다음과 같습니다. 송나라에 '조상'이라는 사람이 있었습니다. 그는 진나라에 송나라 왕의 사절로 가게 되었는데, 갈 때는 수레가 몇 대에 불과했으나 올 때는 수백 대에 이르렀습니다. 모두 진나라 왕에게 받은 것이죠. 송나라에 돌아온 조상은 장자를 만나 이렇게 말했습니다.

"어떻게 이렇게 비좁고 지저분한 뒷골목에서 가난하게 사는 것이오. 나는 한 번에 수레 수백 대를 받아올 수 있는데!"

장자의 답이 궁금하지 않나요? 그는 이렇게 말했습니다.

"진나라 왕은 병이 나 의사를 부르면 종기를 터뜨려 고름을 뺀 자에게는 수레 한 대를 주고, 치질을 핥아 고치는 자에게는 수레 다섯 대를 준다고 들었소. 그런데 당신은 수레가 수백 대라고? 역겨우니 지금 당장 내 앞에서 썩 꺼지시오!"

정말로 통쾌하지 않나요? 자녀에게 죽어라 공부를 시켜 좋은 대학에 보내 돈을 많이 벌고자 하는 부모들에게 보내는 메시지같이 느껴지기도 합니다. 맞습니다. 우리의 사랑스러운 자녀들은 모두 저마다 특별한 재능과 개성을 지니고 이 세상에 태어났습니다. 어떤 아이는 말재주가 뛰어나 늘 주변을 웃음 짓게 하고, 또 어떤 아이는 손재주가 수려해 무엇이든 척척 만들죠. 그런데 안타깝게도 많은 부모가 좁은 시야에 갇혀 자녀의 진정한 장점을 보지 못하는 경우가 많습니다. 공부를 잘하는 아이만 훌륭하게 여기고, 사회가 정해놓은 기준에 맞추어 아이를 평가하는 우를 범하죠.

조상이라는 자는 진나라 왕을 사로잡을 정도로 뛰어난 말솜씨가 있었는지 수백 대의 수레를 상으로 받았습니다. 하지만 위대한 사상가 장자의 눈에는 겉치레에 불과한 가식적인 재주였습니다. 이와 마찬가지로 학업 성적, 외모, 인기 같은 겉으로 보이는 척도로만 자녀의 가치를 매긴다면, 아이 내면에 감추어진 참된 재능을 발견하지 못할 수도 있습니다.

한 아버지는 공부보다 그림 그리기를 좋아하는 아들이 너무나 못마땅했습니다. 그래서 "밥벌이도 안 되는 화가가 되겠다는 거야?"라고 말하며 아이의 꿈을 무시하고 책망하고는 했죠. 하지만 우연히 만난 한 사람의 말을 통해 생각을 바꾸었습니다. 그는 이렇게 말했습니다.

"선생님, 아이는 미술이라는 소중한 재능의 씨앗을 갖고 있습니다. 그 씨앗이 싹을 틔우고 활짝 꽃필 수 있도록 정성을 다해 돌봐주세요."

아버지는 비로소 마음의 눈을 뜨고 아이의 적성을 존중하기로 다짐했습니다. 지금 그 아이는 화가가 되었고, 나날이 성장하고 있습니다. 아버지에게 아들은 가장 큰 자랑이자 기쁨이 되었죠.

우리 자녀들은 저마다의 빛깔로 반짝이고 있습니다. 아이의 끼와 재능이 겉으로 드러나지 않는다고 해서, 그것을 무시하거나 억누르려 해서는 절대 안 됩니다. 선입견에서 벗어나 아이만의 고귀한 가능성과 잠재력을 알아보고 격려해 주어야 합니다. 비록 다른 사람들의 눈에는 하찮고 보잘것없어 보여도 우리 자녀 내면에는 자신만의 빛나는 재능이 숨겨져 있다는 사실을 잊어서는 안 됩니다.

성격이 다소 내성적인 아이가 있었습니다. 엄마는 친구를 잘 사귀지 못하고 발표할 때도 큰 목소리를 내지 못하는 딸이 너무나 안타까웠습니다. 그런데 자세히 살펴보니 아이는 예리한 관찰력과 뛰어난 감성을 갖고 있었습니다. 책을 읽고 느낀 점을 적은 독후감에는 번뜩이는 통찰력이 담겨 있었고, 일기장에는 마음을 울리는 시적인 문장이 가득했습니다. 엄마는 그제야 딸의 내면에 감추어져 있던 귀한 재능을 발견하게 되었고, 글쓰기에 더욱 매진하라며 힘껏 응원해 주었습니다. 그렇게 엄마의 변함없는 사랑과 지지 속에서 자신감이 싹튼 아이는 이제 당당히 작가의 꿈을 키워나가고 있습니다.

이처럼 우리 자녀들은 모두 하늘이 내려준 고귀한 선물과도 같은 존재입니다. 혹여 다듬어야 할 흠이 보인다고 함부로 고치려 하거나, 어딘가 미흡해 보인다고 다그치려 하지 마세요. 아이들에게는 있는 그대로 온전히 신뢰하고 기다려 주는 너그러운 사랑이 필요합니다.

자녀 고유의 개성과 성장 속도를 마음대로 바꾸려 해서는 안 됩니다. 그저 존중해 주세요. 지금 당장은 세상에 내놓기에 미숙하고 어설퍼 보일지라도 조급해할 필요 없습니다. 때가 되면 아이는 스스로의 힘으로 꽃을 피우고 열매를 맺게 될 테니까요. 우리 아이도 반드시 제 속의 빛을 발하며, 먼 훗날 당당히 세상 앞에 그 모습을 드러낼 것이라 믿습니다.

자녀의 장점과 잠재력을 알아보고 일깨워 주기란 결코 쉬운 일이 아닙니다. 때로는 답답하고 속상할 때도 있을 거예요. 하지만 아이 안에 감추어진 씨앗을 발견하고 그 싹이 제대로 돋아날 수 있도록 도와주는 것이야말로 아이를 사랑하는 부모의 역할이 아닐까요? 겉으로 보이는 모습에 안주하지 말고 아이 내면에 담긴 아름다움과 끼를 찾아내 더욱 환하게 빛날 수 있도록 부모로서의 역할에 최선을 다해야 합니다.

장자가 생각하기에 진정 가치 있는 일은 화려한 겉치레나 권세에 아부하는 것이 아니라, 병든 곳을 묵묵히 치유하는 의원의 따뜻한 손길에 있었습니다. 이처럼 현명한 부모라면 자녀의 부족한 면만을 들추어내 질책할 것이 아니라 잠들어 있는 아름다움과 무한한 잠재력을 일깨워 주는 데 온 마음과 정성을 쏟아야 합니다. 비록 다른 사람들의 눈에는 잘 띄지 않는다 해도, 아이 고유의 재능과 끼를 알아보고 더욱더 발전할 수 있도록 도와주어야 합니다. 이것이야말로 참된 부모의 사랑이자 우리에게 주어진 소명이 아닐까요?

우리 자녀들은 모두 저마다 고귀한 씨앗을 품은 채 태어났습니다. 때로는 모난 듯 뾰족하고 비뚤어진 듯 어설퍼 보인다 하더라도, 그 모습 그대로를 긍정하고 애정의 손길로 다독여 주세요. 획일적인 잣대로 재단하고 세상의 기준에 억지로 끼워 맞추려 하는 것이 아니라, 아이 내면에 감추어진 특별하고 소중한 가치를 발견하고 꽃피울 수 있도록 이끌어 주는 것이 부모의 역할입니다.

부모가 아이의 가능성을 굳게 믿고 지지해 준다면 아이는 머지않아 사랑과 신뢰 속에서 꽃을 피우고 자신만의 향기를 당당하게 풍길 것입니다. 부모의 지지와 격려는 아이를 올곧고 당당하게 성장시키는 원동력이 될 것입니다.

세상 어디에서도 찾아볼 수 없는 자녀만의 고유한 재능과 끼를 알아봐 주고 일깨워 주는 것이야말로, 아이의 행복을 바라며 한없이 지지해 주고 용기를 불어넣어 주는 것이야말로 진정한 사랑이 아닐까요?

자녀 한 명 한 명이 지닌 씨앗이 싹을 틔우고 무럭무럭 자라나 이 세상에서 마음껏 빛을 발할 수 있도록 기꺼이 정성의 물을 주고 사랑의 거름을 주는 지혜로운 부모, 슬기로운 원예가가 되기를 간절히 소망합니다.

3장

✦

사랑과 신뢰를 갖고
기다려야 할 때

부모의 인내와 신뢰를 거름으로 맺는
달콤한 열매

·

從水之道而不爲私焉

종 수 지 도 이 불 위 사 언

물길을 따를 뿐이지 특별히 힘을 쓰지는 않는다.

성숙한 부모가 되는 것은 결코 쉬운 일이 아닙니다. 특히 자녀를 향한 분노와 욕심을 다스리는 일은 엄청난 노력을 요구합니다. 인내는 당연하고요. 아이가 부모의 마음에 들지 않는 행동을 할 때면 화가 치밀어 오르기도 합니다. 하지만 그럴 때일수록 이성을 잃지 않고 현명하게 대처하는 것이 중요합니다. 큰 목소리로 야단을 치거나 매를 드는 것은 결코 바람직한 해결책이 될 수 없습니다.

많은 부모가 '사랑의 매'라는 명목으로 체벌을 가하고는 합니다. 하지만 아무리 선의에서 비롯되었다 하더라도 폭력은 절대 용납될 수 없습니다. 때리는 것이 습관이 되면 강도가 점점 더 세질 수밖에 없고, 부모 역시 마음이 더욱더 무거워질 것입니다. 그런 후회와 미안함에 결국에는 아이의 요구를 무리하게 들어주는 경우도 허다하죠.

물론 자녀를 바른길로 이끌고자 하는 부모의 마음은 이해합니다. 하지만 그 의도가 자칫 독선과 욕심으로 비칠 수도 있음을 경계해야 합니다. 내 뜻대로 되지 않는다고 다그치고 억누르려 한다면, 결국 아이와의 관계는 파국을 맞고 말 테니까요. 분에 넘치는 기대를 접어두고, 한 걸음 물러서서 기다릴 줄 아는 넉넉한 마음이야말로 부모에게 꼭 필요한 덕목이 아닐까요?

화가 치밀어 오를 때는 잠시 숨을 고르며 마음을 가라앉히는 것이 좋습니다. '분노는 나 자신을 벌하는 일이다'라는 말을 되새기며 성급한 판단을 자제하는 지혜가 필요합니다. 아이를 꾸짖었다면 바로 화해를 시도하기보다는 서로 조용히 반성의 시간을 갖는 것이 좋습니다. 감정에 휩싸인 상태에서는 섣부른 말들이 오갈 수 있으니 말이죠.

이스라엘에서는 아이가 잘못했을 때 하루 동안 침묵하는 것으로 벌을 준다고 합니다. 사실 가족 간에 말을 하지 않는다는 것은 상당한 인내를 요구하는 일이죠. 하지만 이 침묵의 시간을 통해 서로를 이해하고 존중하는 법을 배울 수 있습니다. 분노에 휩싸인 채 내뱉는 모진 말은 아이의 마음에 깊은 상처를 남기기 마련이니까요. 침묵의 힘을 절대 간과하지 마세요.

『장자』에 나오는 공자의 이야기입니다.

공자가 한 폭포에 다다릅니다. 폭포물이 엄청나게 소용돌

이치며 흘러 물고기조차 헤엄칠 수 없는 곳처럼 보입니다. 그런데 한 남자가 헤엄을 치고 있는 것이 아니겠어요? 공자 는 걱정스러운 마음에 제자들에게 어서 남자를 구하라고 합니다. 하지만 그는 수백 미터를 더 헤엄치고 나와서는 노래 를 부르며 여유를 부립니다. 궁금해진 공자가 그 남자에게 묻습니다.

"귀신인 줄 알았는데 사람이군요! 이런 곳에서 헤엄을 치 다니요. 어떤 특별한 도라도 터득하신 겁니까?"

이에 남자는 뭐라고 대답했을까요?

吾無道 오무도 吾始乎故 오시호고 長乎性 장호성
成乎命 성호명 與齊俱入 여제구입 與汨偕出 여골해출
從水之道而不爲私焉 종수지도이불위사언 此 차
吾所以蹈之也 오소이도지야

출처: 『장자』 외편 '달생'

해석하면 다음과 같습니다.

"도라뇨? 그런 거 없습니다. 그냥 어렸을 때부터 헤엄을 쳤을 뿐입니다. 그런 습성이 저의 특기가 되었고, 어쩌다 보니 선생님께서 말씀하신 수준에 이른 듯합니다. 저는 그저 소용돌이와 함께 물속으로 들어가 소용돌이가 솟아오를 때 물 위로 나올 뿐입니다. 물길을 따를 뿐이지 특별히 힘을 쓰지는 않습니다. 어떻게 헤엄쳐야 하는지 알지 못하는데도 그렇게 되는 것. 그게 선생님께서 말씀하신 도라면 도일 것입니다."

우리 부모들에게는 아이들에게 억지로 무언가를 가르쳐 이루게 하기보다는 있는 그대로 잘 살펴봐 주는 여유가 필요합니다. 아이들은 묵묵한 기다림 속에서 무럭무럭 성장합니다. 사랑이라는 이름으로 포장된 강요와 폭력은 아이를 병들게 할 뿐입니다. 비록 세상은 녹록하지 않아 우리조차 온전히 사는 것이 힘들지만, 그래도 아이들을 따뜻하게 안아주어야 합니다.

한 초등학생의 이야기입니다. 아이는 다른 학교로 전학을 가게 되어 낯선 환경에 적응하느라 애를 먹었습니다. 늘 친구들과 잘 어울리지 못하고 위축되어 있었죠. 부모는 안타까운 마음에 아이를 다그치고 싶은 충동이 일었지만 그 마음을

기꺼이 버팀목이 되어 사랑을 주기로 했다

억누르며 이렇게 말했습니다.

"엄마와 아빠는 우리 아들을 믿는단다. 우리는 언제나 네 편이야. 천천히 해도 괜찮아. 넌 분명 잘할 수 있을 거야."

부모의 말에 힘을 얻은 아이는 조금씩 자신감을 찾아갔고, 어느새 학교생활에도 잘 적응했다고 합니다.

한 부모는 공부에 흥미를 잃은 딸 때문에 속앓이를 했습니다. 하지만 묵묵히 지켜보기로 마음먹었죠. 부모의 욕심을 채우려 아이를 몰아세운들 무슨 소용이 있겠어요. 대신 딸이 좋아하는 음악과 미술에 관심을 보여주었고, 때로는 함께 전시회에 가기도 했습니다. 그 과정에서 비로소 자신의 적성을 발견한 딸은 미소를 되찾았고, 그 열정은 학업으로까지 이어졌습니다. 잘하는 것을 응원해 주었더니 못하던 것도 잘하게 된 것이죠. 부모는 그렇게 딸을 통해 성장의 기쁨을 맛보았습니다.

이처럼 아이를 향한 자신의 욕심을 내려놓고 한 발짝 물러서서 기다리고 지켜보는 넉넉함이 필요할 때가 있습니다. 장자의 말처럼 눈과 귀가 아닌 마음으로 자녀를 대할 때, 우

141

리는 비로소 아이의 고유한 빛깔을 발견하게 될 것입니다. 부모의 내면이 고요해질 때 자녀 또한 생기를 되찾고 세상과 조화를 이루며 성장해 나갈 수 있으니까요.

자녀에 대한 걱정과 욕심으로 마음이 뒤숭숭한 부모는 늘 분주하기 마련입니다. 아이가 자신의 생각대로 따라주기를 바라는 기대는 눈 깜짝할 사이에 독선과 강요로 변질되고 맙니다. 그렇게 된다면 아무리 애를 써도 자녀와 마음을 터놓고 소통할 수 없습니다. 가정에서조차 외로운 섬이 되어 고립무원의 처지에 놓이고 말 테니까요. 지금의 우리가 그런 안타까운 상황에 놓여 있는 것은 아닌지 진지하게 돌아볼 필요가 있습니다.

이와 관련해 한 중년 여성의 따뜻한 회고가 떠오릅니다. 아버지는 출장을 갈 때면 늘 다섯 남매에게 사랑이 담긴 엽서를 보내주셨다고 합니다. 한 번은 아버지께서 편지 끝부분에 이런 문장을 써주셨다고 해요.

'우리 딸, 아무 걱정하지 말고 하고 싶은 것을 마음껏 하렴. 아빠가 든든한 버팀목이 되어줄게.'

시간이 흘러 그 딸은 누군가의 아내, 누군가의 엄마가 되

기꺼이 버팀목이 되어 사랑을 주기로 했다

었습니다. 여성은 아버지의 말 한마디가 자존감 높은 어른으로 성장하는 데 커다란 자양분이 되었다고 고백했습니다.

세상 그 누구보다 자녀를 사랑한다면 내려놓음의 미학을 잊지 말아야 합니다. 내 뜻대로 되지 않는다고 아이를 다그치거나 억눌러서는 절대 안 됩니다. 조금 뒤로 물러나 아이의 속도에 맞추어 주는 너그러운 자세가 필요합니다. 어설프고 모자라 보일지라도 그것 역시 성장 과정이라 생각하고 자녀를 굳게 믿어주세요. 욕심을 거두고 인내하는 부모의 넓은 품 안에서 우리 아이들은 분명 건강하고 당당한 어른으로 자라날 것입니다.

지금도 많은 분이 자녀와 원활하게 소통하지 못해 고민하고 계실 것입니다. 그 시간이 너무나 괴로워도 절대 포기하지 마세요. 때로는 한 걸음 물러서서 인내하는 지혜, 그 고요한 기다림 속에서 아이는 더 큰 사랑을 배우게 될 테니까요. 오늘도 묵묵히 자녀의 곁을 지키는 모든 분들께 깊은 위로와 응원의 말을 전합니다. 여러분의 기다림은 곧 엄청난 열매를 맺을 것이라 확신합니다.

쓸모없어 보이는 것에서도
반짝이는 삶의 의미

無所可用 安所困苦哉
무 소 가 용 안 소 곤 고 재

쓸모가 없기에 오히려 고통도 없이 편안하다.

사춘기 자녀를 둔 부모라면 누구나 한 번쯤 난감한 순간을 경험할 것입니다. 자녀의 이해할 수 없는 행동과 돌발적인 반응을 마주하면 가슴속 저 깊은 곳에서 깊은 탄식이 절로 나오죠. 한 가족이 영화를 보고 식사를 마친 뒤 가구점에 들렀습니다. 그런데 갑자기 딸아이가 약속 시간이 다 되어간다며 울음을 터뜨렸습니다. 아이는 평소에는 식사를 하고 나면 바로 집으로 가 약속을 잡은 것이라고 큰소리를 냈습니다. 아이들의 마음, 정말 어렵지 않나요? 이뿐만이 아닙니다.

"엄마도 저번에 이렇게 했잖아요."

"그런 뜻이 아니라니까요!"

"아빠도 안 그러잖아요."

"말해도 몰라요!"

"아이, 정말 답답해! 짜증나!"

아이의 입에서 이런 말이 튀어나오면 공포감마저 듭니다.

'지금까지 정성을 다해 키웠는데, 왜 갑자기 다른 별에서 살다가 온 것처럼 유별나고 거칠게 구는 걸까?

부모는 아이의 속을 몰라 답답함을 느낍니다. 부모를 힘들게 한 아이 역시 기분이 좋지 않죠. 아이들은 부모도 모르겠고, 세상도 모르겠고, 자기 자신도 모르겠는, 조금은 이상한 상태에 있는 듯한 모습을 보이기도 합니다.

아이의 이런 모습을 보면 덜컥 겁이 날 수밖에 없습니다. 아이가 아무것도 하기 싫다고 외치면 마음 한구석이 무너지는 느낌마저 들죠. '이 험한 세상을 어떻게 살아가려고 이러지?'라는 생각에 이르면, 하루하루를 살아가는 자신의 삶도 버거운데 왜 아이까지 이러는지 자괴감이 듭니다. 그리고 '꿈 하나 없이 살아가는 아이가 되는 건 아닐까?'라는 생각에 밤잠을 이루지 못합니다.

하지만 과연 우리 아이들이 그렇게 엉망으로 성장하고 있을까요? 희망도 없고, 꿈도 없는 것처럼 느껴지니 어떻게 해서든 이를 바로잡고자 하는 마음으로 아이들을 닦달해야 할까요? 아닙니다. 꿈이란, 희망이란 그런 것이 아닙니다.

잠시 제 이야기를 하겠습니다. 저는 책도 쓰고 강연도 하다 보니 분에 넘치게 많은 분에게 질문을 받습니다. 제가 많

기꺼이 버팀목이 되어 사랑을 주기로 했다

이 받는 질문 중 하나는 바로 이것입니다.

"작가님의 꿈은 무엇인가요?"

저는 이 질문을 받을 때마다 꿈을 찾았다고 말합니다. 제 꿈은 누군가와 좋은 책을 읽고 이야기를 나누는 것입니다. 너무 평범한 것 같다고요? 하지만 수십 년간 스스로를 바라보면서 얻은 꿈이기에 저는 제 꿈이 자랑스럽고 소중합니다. 그리고 그 꿈을 보다 구체화하고자 오늘도 열심히 노력하고 있습니다.

'꿈'이라는 단어를 들으면 많은 사람이 그 꿈을 이루기 위한 고단한 과정에 지레 겁을 먹습니다. 꿈은 클 수도 있습니다. 하지만 그 꿈을 이루기 위한 시작은 오늘 이 순간, 여기서 내딛는 발자국 하나에서 비롯됩니다. 다만 그 발걸음을 얼마나 여유롭게 내딛느냐 그리고 얼마나 꾸준히 내딛느냐에 따라 꿈을 이룰 수도, 그렇지 못할 수도 있습니다. 절대 성급하게 행동하지 마세요. 성급함은 부모는 물론이고 아이들의 삶을 망가뜨릴 수도 있습니다.

만화 〈짱구는 못말려〉에서 짱구의 아빠는 이렇게 말했습니다.

"꿈은 도망가지 않아. 도망가는 건 언제나 나 자신이야."

맞습니다. 도망가는 것은 언제나 우리 자신일 뿐, 꿈은 늘 제자리에 있습니다. 그저 그곳을 향해 발을 내딛는 용기가 필요할 뿐이죠. 물론 때로는 지쳐 쓰러지고 싶은 마음에 몸부림을 치게 될 수도 있습니다. 하지만 그런 순간에도 우리에게는 선택의 자유가 있다는 사실을 잊지 말아야 합니다. 잠시 휴식을 취하며 재충전의 시간을 갖는 것도, 지금과는 다른 새로운 꿈을 그려보는 것도 얼마든지 가능하니까요. 일단 부모부터 자신의 꿈을 기억해야 합니다.

아이들 역시 마찬가지입니다. 뾰족한 목표 의식이 없다고 해서 걱정할 필요 없습니다. 그게 그렇게 큰 문제인가요? 꿈은 반드시 정해진 형태로만 존재하는 것이 아닙니다. 하루하루를 성실히 살아가는 과정 그 자체가 아이들이 나아가는 멋진 꿈의 과정일 수도 있습니다. 조급해하며 간섭하지 말고 그저 믿으며 묵묵하게 아이의 속도에 맞추어 함께 걸어나가는 것이 어떨까요?

『장자』에 나오는 이야기입니다.

惠子謂莊子曰 혜자위장자왈

吾有大樹 오유대수 人謂之樗 인위지저

其大本擁腫 기대본옹종 而不中繩墨 이부중승묵

其小枝券曲 기소지권곡 而不中規矩 이부중규구

立之塗匠者不顧 입지도장자불고 今子之言 금자지언

大而無用 대이무용 衆所同去也 중소동거야

莊子曰 장자왈 子獨不見狸狌乎 자독불견리생호

卑身而伏 비신이복 以候敖者 이후오자 東西跳梁 동서도량

不辟高下 불피고하 中於機辟 중어기피 死於罔罟 사어망고

今夫斄牛 금부태우 其大若垂天之雲 기대약수천지운

此能爲大矣 차능위대의 而不能執鼠 이불능집서

今子有大樹 금자유대수 患其無用 환기무용

何不樹之於無何有之鄉 하불수지어무하유지향

廣莫之野 광막지야 彷徨乎無爲其側 방황호무위기측

逍遙乎寢臥其下 소요호침와기하

不夭斤斧 불요근부 物無害子 물무해자

無所可用 무소가용 安所困苦哉 안소곤고재

출처: 『장자』 내편 '소요유'

조금 길죠? 내용을 정리하면 이렇습니다. 장자를 만난 혜자는 자신에게는 아무도 탐내지 않는 큰 나무가 있다고 말합니다. 그 나무는 가지는 뒤틀려 있고 줄기는 울퉁불퉁해 보는 이조차 애처로워질 정도로 초라했죠. 그런데 장자의 대답이 너무나 인상 깊습니다.

"그게 뭐 어때서? 저 드넓은 들판에 그냥 내버려 두는 것도 좋지 않아? 한가로이 그 옆에 누워서 쉬기도 하고, 때로는 그늘에서 낮잠을 즐기면 얼마나 좋을까? 그 나무는 아무에게도 해를 끼치지 않을 텐데, 그렇게 쓸모를 따지며 괴로워할 필요가 있어?"

우리 자녀들도 이 나무와 다르지 않습니다. 세상의 기준에 들어맞지 않고 어딘가 모자라 보일지 몰라도, 자기 색깔 그대로 최선을 다해 살아가는 모습이 얼마나 사랑스럽나요. 쓸모를 논하기 전에 그저 있는 그대로 받아들이고 품어주는 것이 진정한 부모의 역할입니다.

한 지인의 이야기입니다. 그는 유독 내성적이고 모든 일에 의욕이 없어 보이는 아들 때문에 하루하루가 괴로웠습니다. 당장이라도 "넌 도대체 꿈이 뭐니?"라고 다그치고 싶었죠. 하지만 그런 마음을 꾹 누르며 아이가 좋아하는 일을 함께하기로 결심했습니다. 만화책을 좋아하는 아이를 위해 함께 서점에 가기도 하고, 캐릭터 상품을 구경하기도 했습니다. 그러던 어느 날, 아들이 입을 열었습니다.

"아빠, 저는 나중에 만화 캐릭터를 디자인하는 일을 해보고 싶어요. 사람들에게 큰 즐거움을 줄 수 있을 것 같아요."

그 말을 들은 아빠의 가슴에는 뭉클함이 가득 차올랐습니다. 자신만의 꿈을 찾은 아이의 반짝이는 눈에서 앞으로 펼쳐질 무한한 가능성의 빛을 발견할 수 있었기 때문입니다.

공부에 흥미를 잃고 방황하던 딸이 있었습니다. 성적은 끝없이 떨어졌고, 씩씩하던 아이의 모습은 온데간데없이 사라졌습니다. 하지만 엄마는 그런 딸을 억지로 책상에 앉히지 않았습니다. 그저 아이가 좋아하는 노래와 연기에 마음을 쏟을 수 있도록 도와주었죠. 딸의 재능을 알아보고 응원해 준 덕분일까요? 학교 축제에서 당당히 무대에 선 아이의 모습은 그 누구보다 자신감 넘치고 행복해 보였습니다. 비록 성적은 변화가 없었지만 스스로 자신의 가치를 깨달은 아이에게서 엄마는 또 다른 희망을 발견할 수 있었습니다.

장자가 말한 '소요유(逍遙遊)'의 정신을 되새겨 봅시다. 목적 없이 그저 한가로이 노니며 삶을 만끽하는 것. 그것이 바로 행복과 깨달음을 얻을 수 있는 방법이 아닐까요? 아이들 역시 마찬가지입니다. 이미 정해진 궤도가 아닌 자신만의 길을 향해 성큼성큼 걸어가는 아이들을 늘 응원해 주고 따뜻한 시선으로 지켜봐 주어야 합니다.

지금도 우리 아이들은 저마다의 빛깔로 세상을 향해 나아가고 있습니다. 때로는 꿈을 향해 다가서고, 때로는 지쳐 주저앉기도 하겠죠. 하지만 포기하지 않는 한, 그 모든 과정이 값진 성장의 발걸음이 될 것입니다. 넓고 깊은 사랑으로 그 여정을 묵묵히 지켜봐 주세요. 그것이 우리 부모가 자녀에게 줄 수 있는 가장 큰 힘이자 선물입니다.

쓸모없어 보이는 것에서 오히려 삶의 참된 의미를 발견하게 되는 법입니다. 눈에 보이는 결과에 연연하기보다 그 과정의 소중함을 일깨워 주는 지혜로운 부모가 되기를 간절히 소망합니다. 앞으로도 우리 아이들이 당당히 자신의 빛을 발하며 이 세상을 밝혀나갈 수 있도록 마음을 모아 응원의 함성을 보냅시다. 우리 아이들은 오늘도 한 걸음 한 걸음 힘차게 전진하고 있습니다.

불안해 보여도
사실은 가장 완벽한 존재

是鳥也 海運則將徙於南冥

시 조 야 해 운 즉 장 사 어 남 명

새는 바다가 크게 움직일 때 남쪽 바다로 날아가려 한다.

저는 종종 아이들을 보며 놀라고는 합니다. 세상을 바라보는 깊이 있는 통찰, 어른들도 쉽게 떠올리기 어려운 창의적 발상 등을 접하면 그들 안에 내재된 힘과 가능성에 압도되기도 하죠. 때로는 아이들에게서 삶의 지혜를 배우기도 합니다. 이 세상에 좀 더 일찍 발을 내디뎠다는 이유로 그런 아이들을 재단하고 통제하려 하지는 않았는지 자기 자신을 돌아볼 필요가 있습니다.

청소년 문학상을 받은 한 중학생의 이야기가 잊히지 않습니다. 편부모 가정에서 어렵게 살아가면서도 글쓰기에 대한 열정 하나로 꿋꿋이 앞날을 개척해 나가는 소년이었죠. 당선 소감을 묻자 그 아이는 이렇게 대답했습니다.

"이제 제게는 아버지밖에 없어요. 아버지가 저를 얼마나 사랑하시는지 잘 알고 있습니다. 그 사랑이 있어서 전 무엇이든 해낼 수 있어요."

결핍을 딛고 일어선 아이에게 부러움과 감동이 뒤섞인 박수가 쏟아졌습니다.

기꺼이 버팀목이 되어 사랑을 주기로 했다

얼마 전에 화제가 된 이야기가 있습니다. 딸의 춤 데뷔 무대에 깜짝 등장한 아버지의 이야기였죠. 춤을 너무 사랑해 어릴 적부터 댄서의 꿈을 키워온 딸은 실력이 출중함에도 불구하고 안정적인 직업을 원하는 아버지의 반대에 고민이 많았습니다. 하지만 딸의 진심을 알게 된 아버지는 결국 마음을 돌리며 이렇게 말했습니다.

"너의 꿈을 응원한다. 후회 없이 해보렴."

그런 아버지의 말에 딸은 눈물을 흘렸고, 무대에서 더욱 빛나는 춤 실력을 선보였습니다.

우리 아이들을 어른의 편견으로만 보지 않았으면 합니다. 우리 아이들이 세상에 보여줄 무한한 잠재력을 믿어 의심치 않았으면 합니다. 때로는 부족해 보이더라도, 그것은 성장을 위한 당연한 과정일 뿐이라고 생각할 수 있어야 합니다. 우리 아이들이 스스로의 힘으로 빛날 수 있도록, 가능성의 씨앗을 싹틔우고 꽃피울 수 있도록 옆에서 묵묵히 지켜봐 주세요. 이것이 바로 부모인 우리에게 주어진 가장 큰 역할이 아닐까 싶습니다.

'슈퍼 대디'라는 말을 들어본 적이 있나요? 이는 자녀가 원하는 것이라면 뭐든지 해주는 아버지를 뜻합니다. 하지만 아이들이 진정으로 바라는 것은 그런 완벽함이 아닙니다. 늘 내 편이라는 말 한마디, 따뜻한 응원의 말 한 토막이면 충분할 때가 많습니다. 화려하지 않아도 그 자체로 빛나는 우리 아이들을 사랑으로 품어주는 모든 순간이 훗날 그들에게는 인생의 나침반이 되어줄 것입니다. 따뜻한 말 한마디 건넬 줄 아는 아버지, 어머니야말로 진정한 '슈퍼 대디' '슈퍼 마미'가 아닐까요?

한 지인의 경험담이 떠오릅니다. 그는 중학생 아들과 사이가 좋지 않았습니다. 학교생활은 물론이고, 진로에 대해서도 뜻이 맞지 않아 갈등이 점점 깊어졌죠. 결국 담임 선생님까지 나서서 부자 상담을 주선해 주셨는데, 그 자리에서 아버지는 아들에게 이렇게 말했습니다.

"아빠 역시 네 나이 때 방황을 많이 했단다. 네가 하고 싶은 게 뭔지, 정말로 원하는 게 뭔지 곰곰이 생각해 보렴. 앞으로 어떤 선택을 하든 존중하마."

진심 어린 그 한마디에 두 사람의 갈등은 조용히 막을 내렸습니다.

한 어머니의 이야기도 있습니다. 어머니는 사춘기 딸과의 갈등으로 많이 지쳐 있었습니다. 딸의 까칠한 태도에 섣불리 다가가기도 망설여지고, 도무지 마음을 열 생각을 하지 않으니 속상한 마음을 감출 수 없었죠. 그러던 어느 날, 어머니는 문득 깨달음을 얻었습니다. 자신이 먼저 믿고 기다려 주면 분명 딸도 마음의 문을 열 것이라고요. 어머니는 딸의 방에 노크를 하고 들어가 살며시 속삭였습니다.

"엄마는 우리 딸이 자랑스러워. 힘든 시기인 거 알아. 엄마가 더 많이 들어줄게. 이야기하고 싶을 땐 언제든 엄마를 찾아줘."

그렇게 꾸준히 대화를 이어가자 어느새 딸의 마음에도 봄이 찾아왔습니다.

이번에 소개하는 이야기는 『장자』에서 가장 유명한 이야기가 아닐까 싶습니다.

北冥有魚북명유어 其名爲鯤기명위곤 鯤之大곤지대

不知其幾千里也부지기기천리야 化而爲鳥화이위조

其名爲鵬기명위붕 鵬之背붕지배

不知其幾千里也 부지기기천리야 怒而飛 노이비

其翼若垂天之雲 기익약수천지운 是鳥也 시조야

海運則將徙於南冥 해운즉장사어남명

南冥者 남명자 天池也 천지야

출처: 『장자』 내편 '소요유'

내용을 정리하면 이렇습니다.

'북쪽 바다에 큰 물고기가 있으니, 그 이름을 '곤'이라 한다. 크기는 길이가 몇천 리나 되는지 알 수 없을 정도다. 곤이 변신해 새가 되는데, 그 이름은 '붕'이다. 그의 날개는 길이가 몇천 리나 되는지 알 수 없을 정도다. 그 새가 온몸에 한껏 힘을 주고 하늘을 나는데, 활짝 펼친 날개가 마치 하늘에 드리운 구름 같다. 새는 바다가 크게 움직일 때 남쪽 바다로 날아가려 한다. 남쪽의 깊고 검푸른 바다는 '하늘 연못', 즉 '천지'다.'

가끔은 자녀의 모습이 이해되지 않을 때가 있습니다. 그래서 막무가내로 나무라고 싶은 충동에 사로잡히기도 하죠. 하지만 그럴 때일수록 판단을 유보하고 기다림의 미학을 떠올려야 합니다. 자녀의 일로 일희일비하기보다는, 묵묵히 지켜보고 응원해 주는 부모가 되어야 합니다. '곤'인지, '붕'인지 모를 우리 아이들을 좁은 닭장 안에 가두려고 하는 것은 아닌지 자기 자신을 돌아보기 바랍니다.

"그렇게 할 뿐 그 까닭을 알지 못하는 것을 '도'라 이른다."

장자의 말처럼, 옳고 그름을 따지고 이유를 묻기 전에 그저 받아들이는 포용의 자세가 때로는 큰 깨달음을 주기도 합니다. 자녀를 대할 때도 마찬가지입니다. 아이를 함부로 재단하고 고치려 하지 말고, 있는 그대로 온전히 믿어주고 기다려 주세요. 그런 넉넉한 사랑을 베풀면 우리 아이들은 더욱 건강하게 성장할 것입니다.

부모에게는 인내의 시간이 필요합니다. 자녀의 부족함에 눈살을 찌푸리기보다 그 모든 과정이 소중한 성장의 디딤돌임을 믿는 것, 내 기준에 맞지 않다고 다그치기보다 아이만의 속도와 방식을 존중해 주는 것. 바로 이것이 진정한 어른의 역할입니다. 오늘도 한결같은 마음으로 자녀 곁을 지키는 부모가 되기를 바랍니다.

누군가를 진정으로 알아가는 것은 섣부른 통념과 고정관

념으로부터 자유로워지는 일에서 시작됩니다. 사랑하는 내 아이를 대할 때도 마찬가지입니다. 자신의 입장만 내세우기보다 아이의 목소리에 귀를 기울이고 대화를 즐긴다면 서로 간의 벽을 허물고 마음을 나눌 수 있을 것입니다.

자녀가 불완전해 보여도 사실은 가장 완벽한 존재라는 것을 잊지 말아야 합니다. 앞으로도 힘찬 항해를 이어갈 우리 아이들의 모습을 상상하며 미소를 보여주는 부모가 되기를 희망합니다.

저 역시 제 아이들을 가장 가까이에서 지켜보며 응원할 수 있음에 감사하고 있습니다. 저는 그저 아이들의 든든한 등대가 되어 묵묵히 있으려고 노력합니다. 그것이 저에게 주어진 부모로서의 가장 큰 행복이자 특권이라는 사실을 믿기에, 기꺼이 평생의 숙제로 삼고 싶습니다.

자존감,
무한한 가능성의 원동력

轍鮒之急
철 부 지 급

수레바퀴 자국의 괸 물에 있는 붕어

우리의 사랑하는 자녀들은 모두 하늘이 내려준 고귀한 선물입니다. 아이들은 저마다 무한한 가능성을 품은 채 이 세상에 태어났습니다. 하지만 인생의 여정 속에서 때로는 고난에 부딪히고 좌절을 맛보기도 하죠. 그럴 때마다 아낌없이 위로와 격려를 해주고 싶은 것이 부모의 마음입니다. 하지만 지나친 동정심에서 우러나온 말 한마디가 자칫 아이의 자존감에 깊은 상처를 남길 수도 있다는 사실을 명심해야 합니다.

『장자』에 이와 관련된 이야기가 있습니다.

莊周家貧 장주가빈 故往貸粟於監河侯 고왕대속어감하후

監河侯曰 감하후왈 諾 낙 我將得邑金 아장득읍금

將貸子三百金 장대자삼백금 可乎 가호

莊周忿然作色曰 장주분연작색왈 周昨來 주작래

有中道而呼者 유중도이호자 周顧視車轍中 주고시거철중

有鮒魚焉 유부어언 周問之曰 주문지왈 鮒魚來 부어래

子何為者邪 자하위자사

기꺼이 버팀목이 되어 사랑을 주기로 했다

對曰 대왈 我 아 東海之波臣也 동해지파신야

君豈有斗升之水而活我哉 군기유두승지수이활아재

周曰 주왈 諾 낙 我且南遊吳 아차남유오 越之王 월지왕

激西江之水而迎子 격서강지수이영자 可乎 가호

鮒魚忿然作色曰 부어분연작색왈

吾失我常與 오실아상여 我無所處 아무소처

吾得斗升之水然活耳 오득두승지수연활이 君乃言此 군내언차

曾不如早索我於枯魚之肆 증불여조색아어고어지사

출처:『장자』잡편 '외물'

내용을 정리하면 이렇습니다. 가난한 장자는 어느 날 감하후라는 사람을 찾아갑니다. 장자는 그에게 당장의 생계를 위해 조금의 돈만 빌려달라고 이야기합니다. 그러자 감하후는 이렇게 답합니다.

"좋소. 곧 백성들에게 세금을 거둘 테니 그때 당신에게 큰 돈을 빌려드리겠소."

이에 장자는 그에게 이런 이야기를 들려줍니다.

"이리로 올 때 도중에 저를 부르는 것이 있었습니다. 돌아보니 수레바퀴 자국에 붕어 한 마리가 있더군요. 왜 그러냐고 물으니 붕어는 약간의 물을 달라고 했습니다. 그래서 답했습니다. '내가 지금 오월이라는 나라의 왕을 만나러 가는 중인데 가서 촉강의 물을 밀어 너에게 보내마!' 그러자 붕어가 불끈 화를 내며 이렇게 말했습니다. '나는 지금 한 되의 물만 얻으면 살아날 수 있는데 무슨 소리요. 다음에는 나를 건어물 가게에서나 찾게 될 것이오!'"

위대한 사상가 장자는 붕어 이야기를 통해 자존감이라는 것이 얼마나 소중한지 일깨워 주고자 했습니다. 한 되의 물만 있어도 살아갈 수 있다는 붕어의 당찬 외침에서 스스로의 힘을 믿고 당당히 살아가고자 하는 의지를 엿볼 수 있습니다. 이런 의지를 꺾어야 하겠습니까?

이 이야기는 우리가 자녀들을 대하는 자세에 경종을 울리는 듯합니다. 우리 아이가 아무리 보잘것없어 보인다 해도 무한한 가능성과 잠재력을 지닌 고귀한 존재임을 잊어서는 안 됩니다. 나중에 크게 도와준다고 지금 당장 아이에게 필요한 것을 외면해서는 절대 안 됩니다.

한 여학생이 있었습니다. 아이는 대학 진학의 꿈을 안고 열심히 노력했지만, 원하는 결실을 얻지 못했습니다. 딸의 절망감을 헤아린 부모는 마음을 모아 해외 유학을 권했습니다. 그런데 아이는 의외의 대답을 했습니다.

"저는 제가 가고 싶은 길을 한 번 더 도전해 보고 싶어요. 그래야 후회하지 않을 것 같아요."

아이의 말을 들은 부모는 눈물이 핑 돌았습니다. 힘든 상황에서도 포기하지 않는 딸의 굳센 의지가 대견스러웠기 때문입니다. 결국 부모는 딸의 뜻을 존중하기로 했고, 든든한 지원군이 되어주기로 다짐했습니다. 그렇게 가족의 응원을 받으며 꿋꿋이 제 길을 가던 딸은 끝내 원하는 대학의 합격 소식을 품에 안을 수 있었습니다.

우리 자녀들의 인생은 늘 평탄하지만은 않을 것입니다. 때로는 뼈아픈 실패를 맛보고, 암담한 터널을 지나야 할 때도 있겠죠. 하지만 그 모든 과정이 소중한 성장의 자양분이 된다는 사실을 잊어서는 안 됩니다.

험난한 여정 속에서도 포기하지 않고 앞으로 나아가려는 자녀들의 용기와 의지를 진심으로 응원해 주고 지지해 주세요. 때로는 무심한 듯 지켜보는 것만으로도, 묵묵히 믿음을 보내는 것만으로도 자녀들에게 큰 힘이 될 것입니다. 나중에

165

대단한 것을 주겠다며 지금 당장 필요한 그 무언가를 소홀히 하는 건 자녀에게 상처를 주는 일이라는 사실을 잊지 말기를 바랍니다.

무용수를 꿈꾸던 아이가 있었습니다. 그러던 어느 날, 아이는 중요한 오디션에서 고배를 마시고 말았습니다. 엄마는 안타까운 마음에 아이에게 한 가지 제안을 했습니다.

"엄마가 아는 유명한 무용 선생님이 계셔. 그분께 특별 레슨을 받아보는 게 어떨까?"

하지만 아이는 씩씩하게 대답했습니다.

"엄마, 고마워요. 하지만 지금은 제 힘으로 해보고 싶어요. 넘어지고 깨지는 과정이 있어야 진짜 제 꿈을 이룰 수 있을 거예요."

세상의 냉혹함에 아랑곳하지 않고, 자신의 열정을 좇으려는 아이의 모습이 너무 아름답지 않나요? 제가 그 아이의 부모라면 감격의 눈물을 흘리며 조금씩 성장하는 아이의 모습을 조용히 지켜볼 것 같습니다.

우리 아이들은 저마다 삶의 주인공으로 살아가기에 충분

한 힘과 지혜를 지니고 있습니다. 때로는 아이들이 부족한 모습을 보일지도 모릅니다. 그럼에도 그 속에서 놀라운 잠재력과 가능성의 씨앗을 발견해 주는 것이 부모의 역할입니다. 아이 스스로 서게 하되, 한시도 떠나지 말고 곁에서 묵묵히 지켜봐 주세요. 넘어지고 깨지면서도 포기하지 않고 앞으로 나아가려 노력하는 모습을 응원해 주세요. 비록 그 길이 멀고 험난할지라도, 우리 아이들은 결국 제 빛을 발하는 날을 맞이할 것입니다.

장자가 붕어 이야기를 통해 감하후를 깨우쳐 주고자 했던 것처럼, 부모 역시 그래야 합니다. 한순간의 흠이나 실수로 아이의 가치를 재단하지 말고, 있는 그대로를 포용하고 신뢰하는 넉넉한 애정이 필요합니다. 자녀 곁을 든든하게 지켜주되, 섣불리 앞서나가거나 간섭하려 하지 마세요. 설령 아이가 실패를 겪고 좌절할지라도 스스로 성장할 힘이 있음을, 때로는 한 줄기 희망만으로도 삶을 개척해 나갈 수 있음을 늘 기억해야 합니다.

아이들 안에 잠재되어 있는 힘을 신뢰하고, 그들 스스로 꽃을 피우고 열매를 맺도록 묵묵히 지켜봐 주세요. 그것이

바로 부모가 자녀에게 보여줄 수 있는 가장 고귀하고 아름
다운 사랑 표현이 아닐까요? 우리의 희망 가득한 눈빛과 든
든한 믿음 그리고 끝없는 격려가 아이들의 내일을 더욱 밝고
따뜻하게 만들어줄 것입니다.

◆ 기꺼이 버팀목이 되어 사랑을 주기로 했다 ◆

자녀의 속도에 맞추어 줌으로써
가까워지는 거리

·

不入則止

불 입 칙 지

받아들여지지 않는다면 그저 그만둘 뿐.

여전히 많은 부모가 사춘기 자녀를 대할 때 "벌써 다 큰 아이가" 혹은 "아직 어린 것이"라는 이중적인 잣대를 들이대고는 합니다. 이런 일관성 없는 태도에 아이들은 혼란을 느끼죠. 과연 내가 어른인 건지, 아이인 건지 머리가 복잡할 것입니다. 청소년기는 아동에서 성인으로 가는 과도기적 시기입니다. 정체성의 혼란을 겪으면서도 한편으로는 자아를 확립해 나가야 하는 중요한 시기죠.

저명한 심리학자 에릭 에릭슨(Erik Erikson)은 이 시기를 '정체성 혼란'의 단계로 규정했습니다. 아이들은 급격한 신체적·정서적 변화 속에서 자신이 누구인지, 어떤 사회적 역할을 담당해야 하는지 고민에 빠지죠. 정체성 확립이야말로 이 시기 아이들에게 주어지는 가장 큰 숙제입니다. 하지만 불안정한 감정 탓에 우울감에 빠지거나 무기력해지기 쉬운 것도 사실입니다. 마치 롤러코스터를 타는 듯 마음이 오르락내리락할 것입니다.

게다가 사춘기 아이들의 뇌는 엄청난 속도로 변화를 겪습니다. 전두엽이 본격적인 발달 단계에 접어드는 시기이기 때

기꺼이 버팀목이 되어 사랑을 주기로 했다

문이죠. 이성적 사고와 논리적 판단력이 무르익기 전이라 감정 조절이 쉽지 않습니다. 여기에 독립에 대한 욕구, 또래와의 소통 욕구, 자기표현 욕구까지 한꺼번에 커지면서 부모와의 갈등이 깊어집니다. 아이들은 저마다의 방식으로 성장해 나가고 싶어 하는데, 부모는 여전히 자신의 기준에 맞추려 하니 마찰이 생기는 것이죠.

이 시기에 자녀를 현명하게 양육하려면 아이의 변화를 충분히 이해하고 공감하려는 자세가 필요합니다. 이를 테면 아동기에 세웠던 규칙과 기준을 사춘기 자녀의 상황에 맞게 유연하게 조정해야 합니다. 예를 들어 아이가 감정의 동요가 있을 때는 혼자만의 시간을 가질 수 있도록 배려해 주는 것이 좋습니다. 문을 걸어 잠근 것이 마음에 들지 않아도 "혹시 무슨 일 있니?" 하고 넌지시 물어보는 것으로 끝내야 합니다. 그리고 언제나 대화할 준비가 되어 있다는 뜻을 전하고 조용히 기다려 주어야 합니다.

하지만 안타깝게도 우리나라의 교육 현실은 아이들의 내적 성장을 지켜볼 여유를 주지 않습니다. 입시 경쟁에 내몰려 공부에만 매달려야 하는 상황이니까요. 부모가 아이의 성적을 꼬치꼬치 물으면 아이는 마음의 문을 더욱 굳게 닫아버릴 것입니다. 정체성의 혼란으로 힘겨운 시기에 부모마저 등을 돌린 것 같은 느낌이 들 테니까요. 이 난감한 시기를 슬기롭게 헤쳐나가려면 무엇보다 사춘기 자녀의 심리를 깊이 헤아리는 부모의 노력이 절실히 요구됩니다.

얼마 전에 한 고등학생 어머니에게 들은 이야기입니다. 그 어머니는 말 한마디 제대로 섞지 않았던 아들과 사이가 좋아지기 시작했다고 말했습니다. 비결이 궁금했죠. 어머니는 이렇게 말했습니다.

"아들의 관심사에 귀를 기울였어요. 함께 좋아하는 게임 이야기도 나누고, 앞으로의 꿈에 대해서도 이야기했죠. 제가 먼저 마음을 여니 아이가 다가오더라고요. 성적에 대한 걱정은 잠시 내려놓기로 했어요. 지금은 그저 아이의 속도에 맞추어 기다려 주려고요."

사춘기 아들과의 갈등으로 힘겨움을 토로하던 아버지가 있었습니다.

"아들 방에 노크도 하지 않고 들어가 공부하라고 닦달하고는 했어요. 아들은 그럴 때마다 문을 쾅 닫아버렸죠."

그러던 어느 날, 아버지는 강요가 아닌 기다림의 자세로
아들을 대해야겠다고 결심했습니다.

"요즘은 작은 일에도 칭찬과 격려를 아끼지 않아요. '아빠
는 우리 아들을 믿는다'라는 말도 자주 해주죠. 그렇게 제가
마음을 여니 아들도 조금씩 변하는 것 같아요. 늦은 밤에 제
서재로 찾아와 고민을 털어놓기도 해요. 요즘 저는 너무 행
복하답니다."

『장자』의 한 대목입니다.

若能入遊其樊약능입유기번 而无感其名이무감기명
入則鳴입즉명 不入則止불입칙지 无門无毒무문무독
一宅而寓於不得已일택이우어부득이 則幾矣즉기의

출처: 『장자』 내편 '인간세'

해석하면 다음과 같습니다.

'세속의 틀 안에서 노닐되, 명예에는 연연하지 말라. 받아
들여질 것 같으면 말하고, 받아들여지지 않는다면 그저 물러
날 뿐이다. 어떤 것에도 마음을 얽매이지 말고 편안한 자세

로 순리에 따르라. 그것이 도에 가까운 삶이다.'

여기서 우리는 '받아들여지지 않는다면 그저 물러날 뿐이다'라는 대목에 주목해야 합니다. 이는 자녀와의 소통에도 큰 울림을 줍니다.

부모가 되면 자녀에게 바라는 것이 많아집니다. 자신의 기대가 받아들여지지 않으면 부모로서 자존감에 상처를 입기도 하죠. 자녀는 또 어떤가요. 인정받고 싶은 욕구에 사로잡혀 의욕만 앞서고, 원하는 결과가 나오지 않으면 부모와 멀어집니다. 자녀가 나와 다른 독립된 인격체임을 잊는 부모가 많습니다. 심지어 자녀를 자신과 동일하게 여기는 부모도 있죠. 아이를 향한 지나친 간섭과 통제가 부모와 자녀의 관계를 어렵게 만드는 근본적인 원인이 아닐까 싶습니다.

그래서 '불입칙지(不入則止)', 즉 '받아들여지지 않는다면 그저 물러날 뿐'이라는 장자의 말을 가슴 깊이 새겨야 합니다. 물론 사랑과 정성을 다해 자녀에게 다가가야 합니다. 하지만 부모의 진심이 아이에게 부담으로 느껴진다면 한발 물러설 줄도 알아야 합니다. 거절당했다고 해서 상처받거나 원망하지 말고, 더는 억지로 맞추려 들지 않는 담대함을 가져

야 합니다. 이러한 여유로운 마음가짐이 부모와 자녀 사이의
거리를 좁히는 지름길입니다.

언젠가 한 아버지가 털어놓은 이야기가 떠오릅니다. 어느
날 대학 진학을 앞둔 아들이 유학을 가겠다고 말했습니다.
줄곧 국내 명문대를 생각했던 아버지로서는 도무지 이해하
기 어려운 선택이었죠.

"왜 군이 외국에 나가려 하는 거야. 네가 원하는 과는 여
기에도 있잖아."

하지만 아들은 물러서지 않았습니다. 그렇게 아들과 한참
실랑이를 벌이던 아버지는 문득 이런 생각이 들었습니다.

'내가 원하는 것만 고집하면 아들을 영영 잃을지도 몰라.'

그리고 그날 이후 일부러 입을 닫았습니다. 그러자 얼마
지나지 않아 아들이 아버지에게 먼저 손을 내밀었습니다.

"조용히 지켜봐 주셔서 감사합니다. 저도 다시 고민해 보
겠습니다. 어떤 선택을 하든 열심히 해서 아버지가 자랑스러
워하는 아들이 될게요!"

비로소 서로의 마음이 트인 것입니다.

이 세상에 자녀에게 자신의 욕망을 투영하지 않으려 하는 부모가 과연 있을까요? 자녀가 잘되길 바라는 부모의 마음을 어떻게 탓할 수 있겠습니까. 하지만 진정으로 아이들을 위한다면 자녀를 향해 부모가 품고 있는 선입견이나 자의식을 완전히 비워야 합니다. 그러지 못하면 결국 '타자(他者)'일 수밖에 없는 자녀는 물론이고, 부모 자신도 불행에 빠질 수 있습니다.

'불입칙지'는 일종의 굳게 닫힌 자신의 마음을 세상에 여는, 부모라면 자신을 향해 마음을 여는 방법입니다. 자녀와 소통하고 싶다면 대화가 잘 흐를 수 있도록 연결하는 데 목적이 있는 소통 방법으로 '불입칙지'의 정신을 마음 깊이 새기기 바랍니다. 자녀와의 관계는 결국 '불입칙지'에서 시작됩니다.

사랑하는 자녀에게 바라는 게 있다면, 일단 자신의 마음의 문부터 활짝 열어보는 것이 어떨까요? 틀에 박힌 기준으로 재단하려 하기보다 있는 그대로를 품어 안는 너그러움이 필요합니다. 모자란 듯 보여도 기다려 주고, 실수를 하더라도 아낌없이 응원해 주면 그 마음이 아이의 내면에 스며들어 진정한 성장을 이끄는 원동력이 될 것입니다.

오늘도 사랑하는 아이와 마주 앉아 서로에게 귀를 기울이는 연습을 해봅시다. 온 마음으로 공감하고 수용하려 노력하면 어느새 서로의 거리가 더욱더 가까워질 것입니다. 혹 그 과정이 녹록하지 않더라도 절대 포기하지 마세요. 기꺼이 부모의 욕심을 내려놓고, 아이가 자신의 길을 찾을 때까지 인내와 신뢰로 곁을 지켜주기 바랍니다.

4장

✦

부모는
자녀의 거울이다

하지 말아야 할 것을
하지 않는다는 의미

·

故君子不得已而臨莅天下 莫若無爲
고 군 자 부 득 이 이 림 리 천 하 막 약 무 위

군자가 부득이하게 천하를 다스리게 되었을 때는
무위(無爲)만 한 것이 없다.

주변을 둘러보면 사사건건 부딪히며 살아가는 부부들이 있습니다. 대화를 나눌 때면 한 가지 주제에 오래 머물지 못하고, 금세 감정에 휩싸여 말꼬리 잡기로 번지고는 하죠. 안타까운 것은 이들 모두 가족의 행복을 염원하는 마음은 같다는 사실입니다. 작은 일에도 한 치의 양보 없이 맞서다 보면 갈등이 눈덩이처럼 커지기 마련입니다. 물론 남편과 아내는 어린 시절부터 전혀 다른 환경에서 자랐기에 서로를 이해하기가 쉽지 않을 것입니다. 게다가 어릴 적 마음속에 깊이 자리 잡은 상처가 건드려질 때면 상대의 아픔은 보이지 않고, 오로지 자신의 고통만 보입니다. 이것이 부부 갈등의 씨앗이 되어 자라나는 경우가 많습니다.

일단 '내가 너보다 더 아파'라는 생각이 들면 둘은 절대 하나가 될 수 없습니다. 애초에 하나 됨을 기대하는 것 자체가 지나친 욕심일지도 모릅니다. 그저 '함께'라는 표현이 더 어울리지 않을까 싶습니다. 그런 상황에 놓여 있다면 말을 아끼는 편이 나을 수도 있습니다.

프랑스의 사상가 미셸 드 몽테뉴(Michel de Montaigne)

는 이런 말을 남겼죠.

"진심 어린 말이 아니라면 차라리 침묵하는 편이 그 관계를 해치지 않는 길이다."

그렇습니다. 소통이란 결코 제멋대로 하고 싶은 말을 쏟아내는 데서 시작되지 않습니다. 말재주가 부족하다면 입을 다물고 경청하는 것이 좋습니다. 말재주도 없으면서 듣는 법도 모른 채 말을 주고받는다면 그 부부의 관계는 더욱 악화될 가능성이 큽니다. 무지한 자일수록 말이 많고, 지혜로운 자일수록 침묵을 지킨다는 사실을 명심하기 바랍니다.

서로에 대해 잘 알지 못하는 사람일수록 아는 것을 모두 쏟아내려 노력합니다. 하지만 소통에 능한 사람들은, 진정으로 상대를 이해하는 사람들은 상대가 묻는 말에만 겸허히 답하며 불필요한 언행을 자제할 줄 압니다.

원만한 부부 관계를 유지하고 싶다면 상대를 대하는 태도와 대화 방식을 늘 고민해야 합니다. 문제는 부부 사이에서 모든 상황이 종료되는 것이 아니라는 겁니다. 사실 부부 사이의 다툼 그 자체는 큰 문제가 아닙니다. 서로 다른 두 사람이 만났으니 의견이 충돌하는 것은 당연한 일이죠. 진짜 문제는 따로 있습니다. 바로 그 다툼을 옆에서 지켜보는 자녀들이 마음에 상처를 입을 수 있다는 것입니다.

얼마 전에 들은 이야기입니다. 28개월 된 아이를 키우는 한 가정이 있었습니다. 어느 날 아내는 지친 몸으로 귀가해 식사를 하고 있는 남편에게 아이 기저귀를 갈아달라고 부탁했습니다. 그런데 남편은 화를 내며 폭언을 쏟아냈고, 젓가락을 식탁에 던지는 등 폭력적인 행동을 했습니다. 그 상황이 너무 무서웠던 아내는 급기야 경찰에 신고를 했죠. 문제는 거기서 끝나지 않았습니다. 그 광경을 지켜본 아이가 젓가락을 집어던지는 등 아버지의 행동을 그대로 따라 했습니다. 말을 하지는 못해도 눈으로 보고 배운다는 걸 여실히 보여준 것이죠. 부모는 아이들의 잘못된 행동은 본인들의 책임이라는 것을 깨달아야 합니다.

'부모는 자녀의 거울이다'라는 말을 모두 공감할 것입니다. 아이들은 부모의 일거수일투족을 눈여겨보며 하나하나 배워나갑니다. 책을 즐겨 읽는 부모 곁에서 자란 아이는 자연스레 책을 좋아하게 되고, 웃음이 끊이지 않는 가정에서 자란 아이는 활발하고 쾌활한 성격을 갖게 되죠. 반면 티격

태격 싸우는 부모를 보며 자란 아이들은 대인 관계에 어려움을 겪기 쉽습니다.

그런 의미에서 아이들 앞에서만큼은 절대 부부 싸움을 해서는 안 됩니다. 부모의 언성이 높아지는 광경은 자녀에게 엄청난 불안과 상처를 남기게 되니까요. 부모가 서로에 대한 믿음을 깨는 모습을 지켜본 아이들은 정서적 혼란에 빠질 수밖에 없습니다. 자신들이 기댈 마지막 보루마저 무너진다면 아이들은 삶의 방향을 잃고 표류할 수도 있습니다.

『장자』에 이런 이야기가 있습니다.

故君子不得已而臨莅天下 고군자부득이이림리천하
莫若無爲 막약무위 無爲也 무위야
而後安其性命之情 이후안기성명지정

출처: 『장자』 내편 '응제왕'

'그러므로 군자가 부득이하게 천하를 다스리게 되었을 때는 무위(無爲)만 한 것이 없다. 무위를 하면 그 후에 성명(性命)의 참된 모습이 편안해진다'라는 뜻입니다. 저는 '천하를

기꺼이 버팀목이 되어 사랑을 주기로 했다

다스리는 왕이 백성을 옳은 방향으로 이끌고자 한다면 무언가 대단한 것을 하기보다는 하지 말아야 할 것을 하지 않음이 최고다'라는 뜻으로 받아들였습니다.

우리 부모들 역시 마찬가지입니다. 대단하고 멋진 본보기를 보이며 아이들이 따라 하게 하는 것도 물론 좋습니다. 하지만 인위적인 행동이나 강제로 가르치려는 마음가짐을 버리고, 아이들이 자신의 아름다운 본성에 따라 살아가도록 긍정적인 영향을 미치는 것이 더 좋지 않을까요?

자녀를 훌륭한 인격을 갖춘 사람으로 키우고 싶다면, 자신의 말과 행동부터 되돌아보아야 합니다. 누군가의 험담을 일삼는 부모 곁에서는 너그러운 아이로 자라날 가능성이 극히 적을 테니까요.

최근에 한 초등학교 교사에게서 안타까운 사연을 전해 들었습니다. 재혼 가정에서 생활하고 있는 한 남학생의 이야기였습니다. 선생님은 아이가 종종 "그 여자는 날 싫어해. 우리 아빠 등쳐먹으려고 접근한 거야"라고 말하는데, 평소 아이의 아빠가 계모의 험담을 일삼는 것 같다며 어떻게 해야 할지 고민이라고 했습니다. 씁쓸한 대물림이 아닐 수 없습니다.

반면 좋은 사례도 있습니다. 다문화 가정에서 자라고 있는 한 아이는 공부도 잘하고 태도도 매우 훌륭했습니다. 선생님이 넌지시 비결을 묻자 아이는 '부모님의 태도' 덕분이라며 이렇게 말했습니다.

"우리 부모님은 절대 서로의 흉을 보지 않아요. 오히려 서로 칭찬하고 감사하는 모습만 보여주시죠. 저 역시 모든 사람을 있는 그대로 존중하며 살고 싶어요."

부모의 아름다운 가치관이 아이에게 고스란히 전해진 것입니다.

'조적불급소(造適不及笑)'라는 말이 있습니다. '다른 사람의 결점을 고자질함은 그것을 두고 웃어넘기는 것만 못하다'라는 뜻입니다. 장자의 이 말은 많은 것을 시사합니다. 상대의 허물을 들추기보다는 웃어넘기는 여유가 필요하고, 그것이 여의치 않다면 있는 그대로를 그저 받아들이라는 뜻이죠. 세상사에 초연할수록 마음이 평화로워지고, 자연과 하나 되는 경지에 이를 수 있다는 것을 강조하는 말입니다. 부모는 이 말을 '부부가 상대에게 행하는 말과 행동은 자녀에게 고스란히 전해지니 항상 유의해야 한다'라는 뜻으로 받아들일

기꺼이 버팀목이 되어 사랑을 주기로 했다

필요가 있습니다.

　배우자의 잘못을 탓하면서 자녀의 결점을 고칠 수 있을까요? 절대 그럴 수 없습니다. 좋은 부모가 되고 싶다면 상대방을 깎아내리기보다 한 발짝 물러나 조용히 지켜보는 자세가 필요합니다.

　내 안의 편견과 아집을 걷어내고 상대방을 있는 그대로 품는 관용 그리고 서로에 대한 무한한 사랑과 믿음 속에서 함께 성장해 나가는 여유를 가져보세요. 그러면 얼마 지나지 않아 우리 가정에 행복이 차오를 것입니다. 오늘도 마음의 문을 활짝 열고 가족들과 소통하는 시간을 가져보기 바랍니다.

부모 자신이
답이 되어야 한다

·

無遷令 無勸成
무 천 령 무 권 성

명령에 대해서는 바꾸려 하지 않고,

일은 억지로 이루려 하지 않는다.

우리가 당연하게 여기는 일상의 작은 습관들이 있습니다. 여러분은 그 습관들이 어떻게 생겼는지 생각해 본 적이 있나요? 아마도 부모와 스승의 모습을 보고 배운 것이 대부분일 겁니다. 그래서 가정에서 부모의 역할이 그토록 강조되는 것일지도 모릅니다. 자녀의 눈에 비친 부모의 모습은 곧 아이들의 미래 모습일 수도 있습니다.

가사를 분담하고 배우자를 존중하며 이웃을 배려하는 부모의 모습은 아이에게 가장 훌륭한 교과서가 됩니다. 무의식 중에 사회적 책임감과 도덕성의 기준을 체득하게 되는 것이죠. 내 아이가 정직하고 따뜻한 마음을 지닌 사람으로 성장하기를 바란다면, 일상의 시간과 공간에서 진심을 담아 아이를 대해야 합니다. 부모 스스로가 본보기가 되기 위해 힘써야 합니다. 그러면 우리 아이들은 분명 훌륭한 사회인으로 성장할 것입니다.

물론 사랑할수록 엄해지기 마련입니다. 많은 부모가 자녀의 잘못된 행동을 바로잡고 싶은 마음에 엄해지고는 하죠. 하지만 개성을 인정하는 포용력 또한 잊어서는 안 됩니다.

건강한 생활 습관과 예의범절을 익히게 하되, 지나친 간섭과 통제는 삼가는 것이 좋습니다. 일방적인 말이 아닌 부모의 모범이야말로 천 마디 잔소리를 이기는 힘이 됩니다.

바른 언행을 기르는 문제만 보아도 그렇습니다. 자녀의 말투는 부모의 말투를 닮기 마련입니다. 부모의 한마디 한마디를 귀 기울여 듣고 있을 아이들을 생각해서라도 항상 조심해야 합니다. 그렇다면 어떻게 말하는 것이 좋을까요? 몇 가지 방법을 살펴보겠습니다.

첫째, 목소리와 말씨를 신경 써야 합니다. 내용과 어조 모두 차분하고 부드러워야 합니다. 성급한 말투는 의도치 않은 오해를 낳기 쉽습니다. 예를 들어 초등학생 아이가 집에 그림을 들고 왔다고 가정합시다. 솔직히 잘 그리지 못했어도 "정말 멋지다!"라고 칭찬해 주는 것이 좋습니다. 이때 "잘했어"와 "잘~했어"는 큰 차이가 있습니다. 전자는 무의미한 칭찬이고, 후자는 진심 어린 격려가 담겨 있으니까요. 요즘 아이들은 그 뉘앙스를 정확히 알아차립니다. 언뜻 아무것도 모를 것 같아도 부모의 마음을 읽는 통찰력을 갖고 있다는 사실을 잊지 마세요.

둘째, 자녀에 대한 선입견을 버려야 합니다. 직접 경험해 보지도 않고 갖게 된 고정관념을 어떻게 해서든 부모의 마음에서 삭제해야 합니다. 편견에 사로잡힌 채 내뱉는 말은 아이의 자존감에 깊은 상처를 남길 수 있습니다. "우리 아들은 원래 덜렁대는 성격이어서 준비물을 잘 챙기지 않아"와 같이 단정 짓는 것은 아이의 성장 과정에 치명적인 독이 됩니다. 선입견의 굴레에서 벗어나는 것이 대화의 첫걸음이 되어야 합니다.

셋째, 신중하게 말해야 합니다. 특히 상대가 세상에서 가장 사랑하는 내 아이라면 더욱 그래야 하죠. 충분히 고민한 뒤 입을 열어야 마음의 간격을 좁힐 수 있습니다. 자신의 편의에 따라 이루어지는 일방적인 대화는 금물입니다. 아이가 귀 기울일 준비가 되어 있는지, 지금이 적절한 타이밍인지 먼저 살피는 센스가 필요합니다.

넷째, 자녀의 말을 경청하는 태도를 잃지 말아야 합니다. 대화를 하는 도중에 불쑥 끼어들거나 말을 자르는 버릇이 있다면 반드시 고쳐야 합니다. 또 듣자마자 평가하려 하는 태도도 바람직하지 않습니다. 아이가 하는 말을 끝까지 들어주는 인내심이 있어야 비로소 부모와 자녀가 진정한 소통의 즐거움을 만끽할 수 있습니다. 따뜻한 관계로 나아가는 것은 당연하고요.

정리하면 무엇보다 자녀를 존중하는 자세가 가장 중요합니다. 존중이란 '높이 귀하게 여긴다'라는 의미입니다. 지금 우리는 아이를 얼마나 귀한 존재로 대하고 있을까요? 때로는 감정에 휘둘려 함부로 대하지는 않았는지 돌아보기 바랍니다. 늘 자녀의 인격을 존중하는 마음가짐이야말로 좋은 부모의 필수 조건이 아닐까 싶습니다.

얼마 전에 한 아버지에게서 들은 이야기입니다. 아버지는 자고 일어나면 양치질을 하기 귀찮아하는 아들 때문에 속을 끓였습니다. 아들은 아무리 잔소리를 해도 듣지 않았죠. 그러다 문득 아버지는 '옆에서 감시하고 명령하기보다 함께 양치질을 하면 어떨까?'라고 생각했습니다. 아버지는 그렇게 아들에게 함께 양치질을 하자고 제안했고, 아침마다 나란히 서서 이를 닦으니 언제부터인가 아들이 먼저 칫솔을 들었다고 합니다. 부모의 모범만한 가르침은 없다는 것을 잘 알 수 있겠죠?

또 다른 이야기입니다. 한 엄마는 공부하는 것을 싫어하는 딸 때문에 걱정이 많았습니다. 그래서 밥을 먹을 때도, 잠들기 전에도 "넌 왜 이렇게 게으른 거야!" "지금이 놀 때야!" 하고 잔소리를 늘어놓고는 했죠. 그러자 아이는 마음의 문을 굳게 닫아버렸습니다. 그 모습을 본 엄마는 뒤늦게 자책하며 반성하고 아이와 대화를 시도했습니다.

"네가 공부하기 힘든 것처럼 엄마도 하기 힘든 일들이 있는데, 네 마음을 이해하지 못한 것 같아. 너무 미안해. 우리 함께 노력해 보자."

엄마가 자신의 상황을 공감해 주고 함께하자, 아이는 책상에 앉아 있는 시간이 점점 늘어났습니다. 엄마는 강요가 아닌 동행의 힘을 깨달은 소중한 경험이었다고 이야기했습니다.

『장자』에 나오는 말입니다.

夫言者風波也 부언자풍파야 行者實喪也 행자실상야

風波易以動 풍파이이동 實喪易以危 실상이이위

故忿設無由 고분설무유 巧言偏辭 교언편사

獸死不擇音 수사불택음 氣息茀然 기식불연

於是竝生心厲 어시병생심려 剋核泰至 극핵태지

則必有不肖之心應之 즉필유불초지심응지

而不知其然也 이부지기연야 苟爲不知其然也 구위부지기연야

孰知其所終 숙지기소종 故法言曰 고법언왈

無遷令 무천령 無勸成 무권성

過度益也 과도익야 遷令勸成殆事 천령권성태사

美成在久 미성재구 惡成不及改 악성불급개 可不愼與 가부신여

且夫乘物以遊心 차부승물이유심

託不得已以養中至矣 탁부득이이양중지의

何作爲報也 하작위보야 莫若爲致命 막약위치명

此其難者 차기난자

출처: 『장자』 내편 '인간세'

조금 길죠? 내용을 정리하면 이렇습니다.

'말은 바람에 일렁이는 물결과 같아 쉽게 흔들리고 오락
가락하기 쉽다. 그러므로 명령을 고치려 하거나, 일을 억지
로 이루려 해서는 안 될 것이니, 저 순리에 따르는 편이 낫
다. 좋은 일은 서서히 이루어지지만 잘못 저지른 실수는 바
로잡기 어려우니, 말조심하지 않을 수 있겠는가.'

194

기꺼이 버팀목이 되어 사랑을 주기로 했다

저는 이 안에서 부모가 주목했으면 하는 대목을 찾아냈습니다. '무천령 무권성(無遷令 無勸成)'이 바로 그것입니다. '명령을 고치려 하거나, 일을 억지로 이루려 해서는 안 된다'라는 말인데, 이를 부모와 자녀 관계에 대입해 보면 어떨까요? 옳고 그름을 따지며 아이를 다그치지 말고 묵묵히 곁을 지키는 것이 낫다는 것입니다. 무언의 격려와 지지만으로도 우리 아이들은 충분히 앞으로 나아갈 테니까요. 조급한 마음에 지나친 잣대를 들이대기보다는 그저 믿고 기다려 주세요. 그런 너그러운 마음이 아이에게 큰 힘이 될 것입니다.

오늘도 아이에게 주의를 주고 싶은 마음이 굴뚝같겠지만, 잠시 멈추는 지혜를 발휘해 보기를 바랍니다. 우선 부모가 먼저 작은 실천으로 모범을 보이는 것이 어떨까요? 자녀의 식사 예절이 마음에 들지 않는다면 부모가 먼저 바르게 식사하는 모습을 보여주면 되고, 자녀의 지저분한 방이 마음에 들지 않는다면 부모가 먼저 자신의 방을 말끔하게 치우는 모습을 보여주면 됩니다. 어렵지 않죠?

보이지 않은 곳에서도 원칙을 지키려 애쓰는 부모의 진심 어린 노력은 반드시 아이에게 전해질 것입니다. 그렇게 우리는 아이들의 참된 스승이 되어 아이를 훌륭한 인재로 길러낼 수 있습니다. 때로는 마음이 조급하더라도 인내하는 법을 잊지 말아야 합니다. 부모가 먼저 여유롭게 바른 길을 찾는 모습은 사랑하는 아이에게 값진 선물이 될 것입니다.

기꺼이 버팀목이 되어 사랑을 주기로 했다

선한 영향력보다는
선한 무관심

·

未嘗有聞其唱者也 常和人而矣
미 상 유 문 기 창 자 야　상 화 인 이 의

자기 의견을 주장하는 대신 타인의 생각에 동조한다.

『장자』에는 흥미로운 이야기가 가득해 읽는 재미가 있습니다. 그중에서 가장 인상 깊었던 이야기를 소개하겠습니다.

衛有惡人焉위유악인언 曰哀駘它왈애태타

丈夫與之處者장부여지처자 思而不能去也사이불능거야

婦人見之부인견지 請於父母曰청어부모왈

與人爲妻여인위처 寧爲夫子妾者영위부자첩자

十數而未止也십수이미지야

未嘗有聞其唱者也미상유문기창자야

常和人而已矣상화인이이의

출처: 『장자』 내편 '덕충부'

내용을 정리하면 이렇습니다. 위나라에 추한 외모를 가진 사람이 있었는데, 그의 이름은 '애태타'였습니다. 그런데 그와 함께한 사람들은 그의 곁을 떠나지 못했고, 수십 명에 이르는 여성은 부모에게 "그의 첩이라도 되겠어요"라고 말했습니다. 그런데 애태타는 단 한 번도 자신의 의견을 내세우지

기꺼이 버팀목이 되어 사랑을 주기로 했다

않았습니다. 그저 상대방의 생각을 따랐을 뿐이죠.

누구나 매력적인 사람이 되고 싶어 합니다. 가정에서든 사회에서든 말이죠. 그렇다면 우리는 애태타 같은 사람을 찾아 롤모델로 삼고 하나하나 배워야 합니다. 애태타가 많은 사람의 절대적인 지지를 얻을 수 있었던 비결은 지극히 단순했습니다. 자신의 주장을 내세우지 않고 타인의 생각에 맞추어 주는 태도가 전부였죠.

얼핏 보기에는 허무해 보일 수도 있습니다. 고작 그런 것이 수많은 사람을 사로잡은 비결이라니! 그러나 잠시 생각해 보세요. 애태타처럼 행동하는 것만큼 어려운 일도 없습니다. 스스로에게 질문해 보기 바랍니다. 최근 몇 년간 누군가가 당신의 의견을 조건 없이 존중해 준 적이 있나요? 지위, 재산 등 모든 조건을 배제하고 오로지 당신 자체를, 당신의 감정을 있는 그대로 인정해 준 사람 말입니다.

오늘 누군가를 만나 대화를 나눈다고 가정해 봅시다. 그 사람이 진심으로 우리의 이야기에 공감해 줄 가능성은 과연 얼마나 될까요? 혹시 자신의 생각을 강요하려 하지는 않을까요? 애태타는 달랐습니다. 그는 인간관계에서 깊은 상처를 입은 이들에게 '당신은 존재 자체만으로 옳습니다'라는 따뜻한 위로를 건넸습니다. 자신을 있는 그대로 인정해 주는 사람이 곁에 있다면 우리 역시 그에게 한없는 신뢰와 충성을 보일 것입니다.

가수 이승철 씨의 노래 〈그런 사람 또 없습니다〉에 '사랑이란 그 말은 못해도, 먼 곳에서 이렇게 바라만 보아도, 모든 걸 줄 수 있어서 사랑할 수 있어서'라는 가사가 있습니다. 그런 사람이 바로 애타타와 같은 인물입니다. 그런 부모가 아이 곁에 있다면 얼마나 좋을까요? 말없이 자녀를 응시하고, 아무것도 바라지 않으며, 그저 미소로 감싸주는 그런 부모 말입니다. 좋은 부모가 된다는 건 자녀에게 애타타와 같은 존재가 되어주는 것이 아닐까요?

저는 이 지점에서 진정한 소통에 대해 생각해 보았습니다. 소통에 대한 갈망은 타인과 깊이 연결되려는 마음에서 시작됩니다. 누군가와 생각을 공유하고 싶은 마음이 드는 것은 그 사람에게 이해받고 싶은 욕구가 크기 때문입니다. 이때 대부분의 사람은 상대가 자신을 있는 그대로 바라봐 주기를 바라죠.

애태타는 사람들을 있는 그대로 바라보는 혜안을 갖고 있었습니다. 함부로 판단하지 않고, 상대방의 모습을 부정하지 않았죠. 이런 편견 없는 시선 덕분에 그는 타인의 내면을 제대로 들여다볼 수 있었습니다. 사람들은 자신을 온전히 이해해 주는 애태타에게 열광할 수밖에 없었을 것입니다. 애태타의 가장 큰 매력은 바로 '선한 무관심'이었던 셈이죠.

이는 쉬워 보이지만 아무나 할 수 있는 일이 아닙니다. 우리도 애태타의 삶의 자세를 적극적으로 배워야 합니다. 그는 자신과 타인 사이에 가로막혀 있던 높은 장벽을 가볍게 허물었습니다. 우리도 그의 모습을 본받아 자녀와 자신 사이에 쌓여 있는 벽을 과감하게 무너뜨려야 합니다.

우리는 무언가를 강요하기보다 "함께 해보자"라고 말하며 손을 내미는 사람에게 더 많은 것을 배울 수 있습니다. 애태타는 여기서 한 발짝 더 나아가 "넌 지금 이대로도 충분해"라고 말해주기까지 했습니다. 그에게는 자신의 생각을 강요하지 않고 열린 마음으로 세상과 교감할 줄 아는 긍정의 힘이 가득했죠. 부모가 자녀에게 줄 수 있는 가장 값진 사랑도 이와 다르지 않습니다.

우리가 가장 먼저 실천해야 할 일은 자녀의 이야기를 경청하는 것입니다. 안타깝게도 많은 부모가 바쁜 일상과 자녀에 대한 고정관념 때문에 아이들의 목소리에 귀를 기울이지 못하는 경우가 많습니다. 애태타 같은 매력 넘치는 부모가 되고 싶다면, 자녀와 대화할 때 주의해야 할 점들을 미리 체크해 두는 것이 좋습니다. 세 가지만 꼽아보겠습니다.

첫째, 겉으로는 듣는 척하면서 마음은 딴 데 가 있거나, 건성으로 대답하는 태도를 버려야 합니다. 많은 부모가 해야 할 일이 많다는 이유로 혹은 아이에 대한 이미 굳어진 생각 때문에 자녀의 말에 진심으로 귀를 기울이지 않습니다. 그러면서도 아이에게는 부모의 말을 경청하라고 요구하죠. 부모는 왜 자녀의 이야기에는 관심을 두지 않으면서 자신의 말을 잘 들으라고 하는 것일까요? 내 아이의 하소연에 귀 기울이지 않는다면, 누가 아이의 속마음을 알아줄까요? 부모는 아이가 원하면 언제든 하던 일을 멈추고, 진심으로 집중해 아이의 이야기에 귀를 기울여야 합니다.

둘째, 자녀가 하는 말을 성급하게 판단하지 않도록 주의해야 합니다. 아이의 말을 듣자마자 '내가 그럴 줄 알았어. 넌 원래 그런 아이니까'라고 생각하며 판단을 내리려 하는 부모가 많습니다. 때로는 그런 생각을 입 밖으로 내뱉기도 하고, 아이가 말을 마치기도 전에 훈계하거나 공격할 말을 준비하기도 하죠. 하지만 부모는 자녀의 말을 천천히, 있는 그대로 들을 줄 알아야 합니다. 예컨대 아이가 "오늘 선생님께 혼났어요"라고 말하면 "또 무슨 잘못을 저지른 거야!"라고 꾸짖지 말고, "아, 선생님께 꾸중을 들었구나"라고 말한 뒤 아이의 이야기를 끝까지 들어주어야 합니다. "많이 속상했겠구나"라고 말하며 아이의 감정을 먼저 읽어주는 것도 좋습니다. 그러면 아이는 마음 편히 왜 자신이 선생님께 꾸중을 들었는지 구체적으로 이야기할 것입니다.

셋째, 자녀가 말을 마치기도 전에 질문을 하거나 성급하게 조언부터 하지 않도록 주의해야 합니다. 부모는 종종 자녀의 말을 끊고 자신이 하고 싶은 말을 하거나 억지로 화제를 돌리는 행동을 합니다. 심지어는 아이의 이야기를 극단적이고 단정적인 말로 매도하기도 하죠. 도대체 왜 자녀의 속내를 제대로 듣지 못하는 것일까요? 아이를 가르치려는 욕심에 사로잡혀 공감하기보다 자신의 생각을 먼저 말하려 하기 때문입니다. 그저 아이의 입장이 되어 귀를 기울여 주세요. "그랬구나!"라고 말하며 고개를 끄덕여 주세요. 더불어 "많이 힘들었겠다"와 같이 공감의 말을 해주는 것도 좋습니다.

사실 이는 대단히 어려운 기술이 아닙니다. 오히려 부모와 자녀가 마주 앉아 대화하는 시간 자체가 길지 않아도 무방하다는 걸 알면 마음이 한결 가벼워질 것입니다. 기껏해야 30분이면 아이가 하고 싶은 말을 다 할 수 있을 테니까요. 여유를 갖고 자녀의 말을 경청하는 습관을 들이세요. 부모 자신의 견해를 늘어놓기보다 자녀의 목소리에 귀를 기울이면 아이는 더욱 건강하게 성장할 것입니다. 그런 시간이 쌓이면 부모와 자녀의 관계는 분명 나아질 것이며, 사춘기 자녀와도 즐겁고 의미 있는 시간을 보낼 수 있을 것입니다.

여기서 우리는 자녀에게 올바른 가치관을 심어주는 것이 얼마나 중요한지를 다시 한번 상기할 필요가 있습니다. 앞서 이야기했듯 애태타는 타인의 입장을 존중하고 상대방의 이야기에 귀 기울이는 태도로 많은 이들의 신뢰와 사랑을 한 몸에 받았습니다. 이와 마찬가지로 부모가 자녀에게 올바른 삶의 방식을 보여준다면, 아이들은 자연스럽게 그 가치를 내면화할 것입니다.

이와 더불어 애태타처럼 열린 마음으로 세상을 바라보는 태도를 길러주는 것도 잊지 말아야 합니다. 편견과 차별 없이 약자의 편에 서서 그들의 이야기에 귀 기울이는 부모를 보면, 자녀 역시 세상을 향해 따뜻한 시선을 보낼 것입니다. 나아가 매사에 긍정적이고 모든 것에 감사하는 부모의 자세는 아이로 하여금 어려운 상황에서도 희망을 잃지 않게 만드는 원동력이 될 것입니다.

이처럼 애태타의 삶은 우리에게 많은 가르침을 줍니다. 자신의 주장을 앞세우기보다 상대방의 말에 귀 기울이고, 타인을 있는 그대로 존중하며, 진리를 탐구하고 실천하는 삶. 이것이야말로 인생의 참된 가치를 아는 현자의 모습이 아닐까요? 우리도, 우리 아이들도 일상에서 애태타의 태도를 실천할 수 있기를 기대합니다.

---·---

모름을 겸허히 인정하며
가까워지는 관계

·

四問而四不知
사 문 이 사 부 지

네 번을 물었으나 네 번 모두 모른다 하였다.

---·---

사랑하는 사람과의 관계를 소중하게 생각한다면 자기 자신부터 돌아보아야 합니다. 그 시작은 지금 당장 내가 할 수 있는 것부터 실천하는 것입니다. 아무리 열심히 공부해도 수천 대 일의 경쟁률을 뚫고 시험에 합격하기란 쉬운 일이 아닙니다. 하지만 스스로 좋은 사람이 되기 위해 노력하는 것은 바로 이 순간에도 얼마든지 할 수 있습니다. 이것이야말로 우리가 오늘의 행복을 가꾸는 지름길이 아닐까요?

부모라면 자녀와의 관계를 놓치고 싶지 않을 것입니다. 그렇다면 대단한 무언가를 하려 애쓰지 말고, 지금 이 순간 자신이 할 수 있는 일부터 착실히 해나가는 것이 중요합니다. 안타깝게도 치열한 경쟁 속에서 돈을 벌기 위해 힘겹게 살아오느라 세상의 혹독함에 익숙해진 탓에, 자신이 얼마나 강한 사람인지 드러내려 하는 부모가 적지 않습니다. 심지어는 사랑하는 자녀 앞에서조차 자신이 얼마나 대단한지 과시하고 싶어 하는 모습을 보이기도 하죠.

물론 그 마음도 충분히 이해가 됩니다. 오랜 세월 자아를 억누르며 살아왔던 부모의 마음은 마치 휴화산과도 같습니다. 이제는 마음의 평안을 얻고 싶지만, 아이들을 생각하는 순간 오히려 걱정과 고민이 쌓여만 갑니다. 심지어 아이가 태어난 후에 화를 더 많이 내는 부모가 있는데, 아마도 이는 일상의 스트레스 때문일 것입니다. 그렇다고 해서 우리 아이들이 부모의 인내심을 테스트하는 대상이 되어서는 절대 안 됩니다.

자녀와의 관계는 한 번 어긋나면 모든 것을 잃을 수도 있기에 세심한 주의가 필요합니다. 이에 대한 경각심 없이 자녀를 함부로 대한다면 가정의 평화와 행복은 점점 더 멀어질 수밖에 없습니다. 부모와 자식은 절대 소홀히 해서는 안 되는, 쉽게 포기할 수 없는 소중한 관계입니다. 따라서 지금껏 자신이 부모라는 타이틀을 갖고 아이 앞에서 거만함을 보이지는 않았는지 돌아볼 필요가 있습니다.

만약 교만한 마음에 아이와의 관계를 제대로 가꾸지 못했다면, 부모로서의 마음가짐부터 바로잡는 것이 급선무입니다. 즉 아이를 바라보는 관점을 '제로 베이스'에서 새롭게 정립해 나가야 한다는 뜻입니다. 이는 다른 사람과 나를 끊임없이 비교하거나 계산하지 않고, 나와 다르다는 이유로 상대

기꺼이 버팀목이 되어 사랑을 주기로 했다

를 차별하지 않으며, 있는 그대로의 모습을 온전히 받아들이 겠다는 자세로 임하는 것을 의미합니다.

우리는 평생을 살아가는 동안 자녀와 최상의 관계를 맺는 것만큼이나 값진 일을 찾기 어려울 겁니다. 세상 사람들과 아무리 좋은 관계를 유지한다 해도 자녀와 나누는 정만큼 가치 있는 것은 없으니까요. 이러한 사실을 깨달은 부모라면 자녀와의 관계에서만큼은 옳고 그름을 따져서는 안 됩니다. 자녀와의 차이를 그대로 품어 안는 태도를 갖추는 것은 우리에게 주어진 삶의 기쁨을 만끽할 수 있는, 더 이상은 지체해서는 안 되는 인생의 숙제입니다.

다음은 『장자』에 나오는 이야기로, 요임금 시대의 전설적인 현자 설결과 그의 스승 왕예에 관한 일화 중 일부입니다.

齧缺問於王倪 설결문어왕예 四問而四不知 사문이사부지

齧缺因躍而大喜 설결인약이대희 行以告蒲衣子 행이고포의자

출처: 『장자』 내편 '응제왕'

제자 설결이 스승인 왕예에게 궁금했던 것을 물었습니다.

왕예는 한 번, 두 번, 세 번 그리고 네 번 모두 "모르겠다"라고 답했습니다. 그러자 설결은 펄쩍펄쩍 뛰며 기뻐했습니다. 그리고 왕예의 스승인 포의자를 찾아가 이 사실을 자랑스럽게 알렸습니다.

스승이 "모른다"라고 대답한 것이 그리 좋아할 만한 일일까요? 설마 설결이 '내 스승보다 내가 더 많이 안다'라는 생각에 그리 좋아한 것일까요? 절대 아닙니다. 사실 설결은 스승의 '모름' 속에서 '참된 앎'을 배웠기에 그토록 기뻐한 것입니다. '우리가 안다고 여기는 모든 것조차 사실은 모르는 것'이라는 깨달음 말입니다. 이처럼 왕예는 삶의 진리를 꿰뚫고 있었고, 설결 역시 그런 스승의 가르침을 마음에 새기며 행복의 비결을 터득해 나갔습니다.

이 이야기는 자녀를 둔 부모에게도 큰 깨우침을 줍니다. 우리는 저마다의 기준으로 세상을 바라보고는 하죠. 당연히 자녀 또한 그 잣대에 맞추어 평가하려 합니다. 하지만 설결과 왕예가 일찍이 깨달았듯, 자신의 앞에 있는 사람을 억지로 바꾸려 하기보다 그대로 두는 편이 마음의 평화를 얻는 지름길입니다. 자신만의 빛을 지닌 존재를 있는 그대로 인정하고 지켜주려는 자세야말로 진정 슬기롭고 행복한 삶을 살아가는 방식인 것이죠.

마음속에 세상 만물을 재단하는 잣대가 자리 잡으면, 우리의 눈은 점점 흐려지고 삶은 구속되기 마련입니다. 세상은 오로지 흑백 논리로 양분될 것이고요. 그리고 내 기준에 어긋나는 사람이 있다면 억지로 자신의 생각을 주입하려 할 것이고. 결국에는 시시비비를 가리는 일 외에는 할 일이 없어질 것입니다.

비록 그것이 세상이 공인하는 도덕률에 부합한다 할지라도, 획일적인 기준만 가지고 누군가와 관계를 맺으려 한다면 시비와 다툼이 끊이지 않을 것입니다. 그런데 과연 그것이 무슨 소용이 있을까요? 우리가 설결과 왕예의 태도에 주목해야 하는 이유가 여기에 있습니다.

제가 예전에 한 직장에서 만난 선배는 많은 사람의 신망을 한 몸에 받았습니다. 그분은 중견기업에 스카우트되어 재직하다, 지금은 유망한 회사의 수장으로 열심히 활동하고 있습니다. 그분을 아는 모든 사람은 그의 겸손함을 높이 평가했습니다. 그분은 결코 자신의 능력이나 학력을 자랑하지 않

있습니다. 회사의 후원을 받아 경영학 석사 학위까지 받고 나름의 노하우를 정리해 책으로 엮었음에도, 언제나 주변 사람들을 겸허한 자세로 대했죠. 무엇보다 자신이 잘 모르는 것은 솔직히 인정하고 절대 단정 짓지 않는 태도가 인상 깊었습니다. 그런 상황에서는 으레 이렇게 말씀하셨죠.

"음, 그건 잘 모르겠어요. 정확한 건 박 부장님께 여쭤보는 게 어떨까요? 제가 연락해 놓을 테니 찾아가 자세히 물어보세요."

설결과 왕예의 이야기에 나오는 '사문이사부지(四問而四不知)', 즉 '네 번을 물었으나 네 번 모두 모른다 하였다'라는 말을 기억해 두기 바랍니다. 자신의 앎에 겸손한 사람이 결국 누군가의 존경을 받기 마련입니다. 이는 분명 자신의 성장에도 도움이 됩니다.

'행복해지려면 무엇보다 낯선 경험을 해보는 것이 중요하다'라는 말을 들은 적이 있습니다. 새로운 세계를 호기심 어린 눈으로 탐구하는 즐거움 자체가 행복의 원천이 된다는 뜻이죠. 이때 우리에게는 '나는 모른다'라는 자세가 필수입니다. 나와 다른 무언가가 다가올 때 두 팔 벌려 반갑게 맞이하는 마음가짐을 가져야 합니다.

이쯤에서 부모와 자녀의 관계를 생각해 봅시다. 부모인 우리에게 있어 도무지 알 수 없는 미지의 존재인 자녀야말로 새로운 세상 그 자체가 아닐까요? 내가 모른다는 사실을 인정해야만 새로운 것을 받아들일 수 있다는 사실을 깨우쳤다면, 이제 자녀에게 '안다'라고 말하는 대신 '모른다'라고 말하는 것에 익숙해지는 게 어떨까요?

혹시 오늘도 자녀와 별것 아닌 그 무언가 때문에 말다툼을 벌이지는 않았나요? 인생 경험이 많다는 이유로 아이들의 의견은 무시하고 자신의 뜻만 관철하려 하지는 않았나요? 이제 우리는 장자의 이야기를 통해 그것이 옳지 않다는 사실을 깨달아야 합니다. 설령 부모인 내가 무언가를 안다 해도 기꺼이 "나는 잘 모르겠다"라고 말해야 합니다. 이것이 바로 참된 어른이자 부모의 모습입니다.

이와 더불어 부모로서 우리가 자녀에게 바른 가치관을 심어주는 것 또한 매우 중대한 과제입니다. 설결과 왕예는 타인의 생각을 존중하고 상대방의 이야기에 귀를 기울이는 태도로 많은 이에게 신뢰와 사랑을 받았습니다. 이처럼 부모가 자녀에게 삶의 올바른 자세를 보여준다면, 아이들 역시 저절로 그 가치를 체득할 것입니다. 몇 가지 방법을 알아보겠습니다.

첫째, 부모가 먼저 정직과 성실, 책임감과 같은 기본적인 덕목들을 일상에서 실천하는 모습을 보여주어야 합니다. 아이들은 작은 거짓말조차 하지 않는 당신의 모습에서, 맡은 바 소임을 끝까지 다하는 당신의 모습에서 삶의 진리를 깨우칠 것입니다.

둘째, 열린 마음으로 세상을 바라보는 태도를 길러주어야 합니다. 편견과 차별 없이 약자의 편에 서서 그들의 목소리에 귀 기울이는 부모를 보면, 자녀 역시 세상을 향해 따뜻한 시선을 보낼 것입니다. 나아가 어떤 상황에서도 희망을, 감사하는 마음을 잃지 않는 부모의 자세는 아이로 하여금 고난 속에서도 좌절하지 않는 힘을 길러줄 것입니다.

셋째, 자기 수양을 게을리하지 않는 모습을 보여주어야 합니다. 장자의 가르침을 비롯해 동서고금의 철학서를 탐독하고, 이를 삶에 적용하려 노력하는 부모의 모습은 아이에게 참된 지혜란 무엇인가를 깨우쳐 줄 것입니다. 거기서 멈추지 않고 그 과정에서 얻은 깨달음을 자녀와 함께 나눈다면 아이의 정신적 성장에 더할 나위 없이 소중한 양분이 되어줄 것입니다.

특히 독서를 강조하고 싶습니다. 좋은 책을 즐겨 읽는 부모의 모습은 자녀에게 커다란 귀감이 됩니다. 우리는 독서를 통해 인류가 축적해 온 지혜를 배울 수 있고, 동시에 내면을 돌아보는 소중한 기회를 얻을 수 있습니다. 이는 지성은 물론이고 마음의 성장에도 큰 도움이 되죠. 책 속에서 얻은 통찰과 깨달음을 자녀와 함께 나눈다면, 아이의 사고력과 인성이 건강하게 자라날 수 있을 것입니다.

이처럼 설결과 왕예의 대화가 우리에게 주는 교훈은 실로 값집니다. 자신의 생각을 고집하기보다 상대의 말에 귀 기울이고, 타인을 있는 그대로 존중하며, 겸손한 자세로 삶의 진리를 탐구하는 것이야말로 참된 삶의 자세이자 부모가 자녀에게 물려주어야 할 소중한 가치가 아닐까요? 아이들에게 올바른 삶의 방향을 제시하고, 함께 그 길을 걸어가도록 손을 잡아주는 일만큼 값진 부모의 역할이 또 있을까요?

우리 아이들이 미래를 당당하게 헤쳐나가는 기특한 모습

을 상상해 봅시다. 오늘도 우리는 자녀와 함께 성장하는 기쁨을 만끽하며, 때로는 "모른다"라는 말로 아이들과 더 가까워지고, 때로는 모범이 되는 행동으로 아이들의 마음에 깊이 스며들어야 합니다. 그 여정이 결코 순탄하지만은 않겠지만, 우리 자녀들의 밝은 앞날을 위해 오늘도 최선을 다해 나아갑시다. 장자의 소중한 가르침을 가슴에 새기며 말이죠.

기꺼이 버팀목이 되어 사랑을 주기로 했다

---•---

올바른 인성과 품성으로
단호히 정답을 말하는 부모

•

以賢臨人 未有得人者也
이 현 임 인 미 유 득 인 자 야
以賢下人 未有不得人者也
이 현 하 인 미 유 부 득 인 자 야

현자(賢者)라 하더라도 남을 우습게 여기면

사람들의 덕을 얻기 힘들지만,

현자임에도 남의 밑에 있을 줄 안다면 사람들이 저절로 따를 것이다.

---•---

우리 자녀들은 이 사회의 미래이자 희망입니다. 그들이 앞으로 긍정적인 영향력을 발휘하며 행복하고 의미 있는 삶을 살아가기 위해서는 무엇보다 바른 인성과 건전한 가치관을 갖추는 것이 중요합니다. 뛰어난 재능과 학식을 지녔다 해도 도덕적 원칙이나 타인에 대한 공감 능력이 결여되어 있다면 진정한 의미의 성공과 행복을 이루기는 어려울 테니까요. 그렇기에 부모에게는 자녀가 올바른 인격을 가진 사람으로 성장할 수 있도록 이끌어 주어야 하는 막중한 사명이 주어집니다.

이러한 관점은 고대부터 현대에 이르기까지 변함없는 진리로 여겨져 왔습니다. 동서양을 막론하고 위대한 스승들은 제자들에게 인격의 완성이야말로 진정한 성공의 열쇠라고 가르쳤으며, 이는 오늘날에도 여전히 유효합니다. 특히 동양의 전통적인 교육관에서는 지식의 습득보다 인성의 함양을 더욱 중시했는데, 이는 개인의 성장뿐 아니라 사회 전체의 발전을 위해서도 필수적인 요소로 여겨졌기 때문입니다. 단순한 능력이나 재주를 넘어서는 인격적 성숙의 중요성은

기꺼이 버팀목이 되어 사랑을 주기로 했다

SNS 등에 말과 태도 하나하나가 적나라하게 남는 이 시대에 우리가 자녀 교육에서 추구해야 할 방향성과도 깊이 연관되어 있습니다.

『장자』에 나오는 이야기입니다.

桓公問之曰 환공문지왈 仲父之病病矣 중보지병병의

可不謂云 가불위운 至於大病 지어대병

則寡人惡乎屬國而可 즉과인오호속국이가 管仲曰 관중왈

公誰欲與 공수욕여 公曰 공왈 鮑叔牙 포숙아 曰왈

不可 불가 其爲人 기위인 絜廉善士也 결렴선사야

其於不己若者不比之 기어불기약자불비지

又一聞人之過 우일문인지과 終身不忘 종신불망

使之治國 사지치국 上且鉤乎君 상차구호군

下且逆乎民 하차역호민 其得罪於君也 기득죄어군야

將弗久矣 장불구의 公曰 공왈 然則孰可 연즉숙가

對曰 대왈 勿已 물이 則隰朋可 즉습붕가

其爲人也 기위인야 上忘而下畔 상망이하반

愧不若黃帝而哀不己若者 괴불약황제이애불기약자

以德分人謂之聖 이덕분인위지성

以財分人謂之賢 이재분인위지현

以賢臨人 이현임인 未有得人者也 미유득인자야

以賢下人 이현하인 未有不得人者也 미유부득인자야

其於國有不聞也 기어국유불문야

其於家有不見也 기어가유불견야 勿已 물이 則隰朋可 즉습붕가

출처: 『장자』 잡편 '서무귀'

　　명재상 관중이 임종을 앞두고 후계자에게 조언을 하는 대
목에는 리더의 참된 자질이 무엇인지가 잘 드러나 있습니다.
관중은 "덕을 남에게 나누어 주는 자를 성인(聖人)이라 하고,
재물을 남에게 나누어 주는 자를 현자(賢者)라고 한다. 현자
라 하더라도 남을 우습게 여기면 사람들의 덕을 얻기 힘들지
만, 현자임에도 남의 밑에 있을 줄 안다면 사람들이 저절로
따를 것이다"라고 말했습니다. '유능하고 높은 도덕성을 갖
추는 것만으로는 부족하다. 관용과 포용력, 겸손함, 배려심
또한 겸비해야 비로소 훌륭한 사람이 될 수 있다'라는 의미
입니다. 우리가 자녀들의 마음속에 심어주어야 하는 덕목들
역시 이와 크게 다르지 않습니다.

기꺼이 버팀목이 되어 사랑을 주기로 했다

현명한 한 아버지는 자신의 아들에게 항상 이렇게 당부했습니다.

"애야, 네 삶의 지표는 언제나 정직과 청렴이 되어야 한다. 하지만 그 기준을 남에게 함부로 들이대서는 안 된다. 사람마다 처한 상황과 이야기가 다른 법이란다."

아버지의 말씀을 가슴에 새기며 성장한 아들은 철두철미하게 삶의 원칙을 지키면서도, 타인을 바라보는 시선만큼은 늘 따뜻하고 관대했습니다. 그는 높은 위치에 올라섰음에도 교만에 빠지지 않고 처신의 겸손함을 잃지 않아 주변 사람들에게 존경과 신뢰를 받았습니다.

이번에는 딸을 둔 엄마의 이야기입니다. 아이는 공부와 인성, 예절 등 모든 면에서 주변의 칭송을 한 몸에 받는 모범생이었습니다. 그런데 언젠가부터 자신을 남보다 높이 여기는 모습을 종종 보였습니다. 어느 날 엄마는 실수를 저지른 친구를 바라보며 비웃는 아이의 모습을 보았습니다. 그래서 곧바로 아이를 불러 따끔하게 말했습니다.

"네가 뛰어나다 해서 남을 함부로 깔보아서는 절대 안 된단다. 누구에게나 배울 점이 있는 법이야. 자신의 부족함을 알고 겸손하게 행동하는 사람이 진짜 현명한 사람이라는 사실을 명심하렴."

그날의 깨우침은 아이의 가슴에 깊이 각인되었고, 타인을 존중하고 자신을 낮추는 겸허한 삶의 자세를 잃지 않았다고 합니다.

결국 위대한 인재란 훌륭한 인격과 바른 가치관을 갖춘 사람을 일컫는 말일 것입니다. 어릴 적부터 선과 악, 옳고 그름을 분별하는 지혜로운 안목을 길러주고, 이해와 공감, 배려와 소통의 자세를 일깨워 준다면 우리 아이들은 장차 사회에 이바지하는 참된 인재로 성장할 수 있을 것입니다. 화려한 재능과 학식은 자만과 독선으로 물들 수도 있지만, 올곧은 인성과 건전한 마음가짐은 결코 그러한 유혹에 흔들리지 않기 때문입니다.

아무리 뛰어난 아이라 해도 자신의 능력에 도취되어 거만한 모습을 보인다면 부모로서 반드시 조언을 해주어야 합니다. 아무리 하늘이 뛰어난 재주를 내려주었다 해도 마음가짐하나 제대로 다스리지 못한다면 쓸모없는 것이나 다름없다는 사실을 알려주어야 합니다. 상대방을 존중하고 이해하려 노력하지 않는다면 그건 독이 될 뿐이기 때문입니다. 내 아이가 지식인 특유의 오만함이 아닌 겸허한 태도로 세상에 귀를 기울일 줄 아는 사람으로 성장할 수 있도록 부모가 온 힘을 다해 노력해야 합니다.

불의를 보면 침묵하지 않고 바른 소리를 하는 정의로운 아이가 있었습니다. 그러던 어느 날, 엄마는 아이의 모습이 조금 지나친 듯싶어 이렇게 말했습니다.

"세상의 그릇된 일들을 바로잡고자 하는 네 마음은 정말 기특하고 훌륭해. 하지만 세상에는 선과 악의 문제만 있는 것이 아니란다. 때로는 서로의 입장을 이해하고 소통하려 애쓰는 노력도 필요해. 옳고 그른 일에 대해서만 목소리를 높이기보다는 화합과 상생의 지혜를 갖는 것도 중요하단다."

그렇습니다. 부모라면 우리 아이들에게 타인에 대한 이해와 존중이 전제되지 않은 정의로움은 오히려 독이 될 수도 있음을, 때로는 부드러운 방식으로 평화를 도모하는 혜안이 정의로운 일임을 알려주어야 합니다.

관중 역시 마찬가지였습니다. 그는 후계자를 정할 때 높은 덕망과 준엄한 기강을 자랑하는 포숙아보다 겸손하고 너그러운 습봉을 더욱 높이 평가했습니다. 이는 진정한 현인의 자질은 외면적인 능력이 아닌 내면적인 인격에서 비롯된다는 사실을 일깨워 줍니다. 우리 자녀들도 마찬가지입니다. 탁월한 지식과 기량도 중요하지만, 올바른 인성과 바른 가치관을 가질 수 있도록 끊임없이 교육해야 합니다.

자식을 키우고 가르치는 일에 완벽한 해답은 없습니다. 하지만 분명한 건 옳고 그른 것을 명확히 분별하는 혜안, 상대방의 마음을 헤아리고 배려하는 넉넉한 도량, 결코 자신을 내세우지 않는 겸허한 삶의 태도 등 인격의 근간을 이루는 근본적인 가치들을 일찍부터 가르치는 노력을 게을리 해서는 안 된다는 사실입니다. 여기에 더해 좋은 책을 접하며 인문학적 소양을 쌓고, 세상을 보는 혜안을 기르도록 도움을 주어야 합니다. 이는 아이들이 참된 지혜와 너른 식견을 갖춘 인재로 성장하는 데 크나큰 자양분이 될 것입니다.

불의에 타협하지 않는 올곧은 정의감, 자신의 뛰어남을 과시하지 않는 겸손함, 타인의 상황을 배려하고 애쓰고자 하는 따뜻한 마음… 이 모든 것이 우리 아이들의 마음속에 굳

기꺼이 버팀목이 되어 사랑을 주기로 했다

건히 뿌리내려야 합니다. 아이들이 참된 의미의 성숙한 인격체로, 세상을 밝히는 혜안을 지닌 참된 리더로 성장할 수 있도록 부모가 적극적으로 도움을 주어야 합니다. 이 시대가 요구하는 진정한 인재의 자질은 바로 이러한 내적 도덕률과 원칙에서부터 시작된다는 사실을 명심하기 바랍니다.

》

자녀와 함께 성장하는 지혜로운 부모의 길, 그 출발점에 서다

장자의 지혜, '부모됨'의 근본

———

지금까지 긴 여정을 함께하며 자녀 양육이라는 험난하고 도 아름다운 길을 탐색해 보았습니다. 동양 철학, 장자로부 터 많은 것을 배웠습니다. 생각해 보면 우리가 배운 것은 자 녀의 고유한 개성을 존중하는 법, 자녀의 잠재력을 믿고 기 다리는 인내 그리고 자녀를 함부로 가르치기 전에 우리 자신 을 돌아보고 성찰하는 겸손함이었습니다.

'불입칙지(不入則止)', '받아들여지지 않는다면 그저 물러날 뿐'이라는 가르침을 기억할 것입니다. 자녀와의 관계에서 때로는 부모가 한발 물러서서 기다리는 게 더 큰 사랑일 수 있다는 것을, 자녀의 선택을 존중하고 그들의 속도에 맞추어 기다려 주어야 한다는 것을 배웠습니다. 부모의 뜻을 강요하기보다 자녀의 마음을 이해하고 그들의 목소리에 귀 기울이는 것이 진정한 소통의 시작임을 깨달았기를 바랍니다.

'사문이사부지(四問而四不知)', '네 번을 물었으나 네 번 모두 모른다 하였다'라는 말은 자녀를 향한 부모의 겸손함의 중요성을 일깨워 주었습니다. 부모라고 해서 모든 것을 다 알 수는 없습니다. 오히려 "모른다"라고 말할 줄 아는 용기가 자녀와의 관계를 더욱 깊고 진실하게 만들어줄 수 있습니다. 단순히 무지를 인정하는 것이 아니라, 자녀와 함께 배우고 성장하는 기회를 만드는 방법임을 기억하기 바랍니다.

'이현임인 미유득인자야 이현하인 미유부득인자야(以賢臨人 未有得人者也 以賢下人 未有不得人者也)'라는 말은 어떤가요. '현자라 하더라도 남을 우습게 여기면 사람들의 덕을 얻기 힘들지만, 현자임에도 남의 밑에 있을 줄 안다면 사람들이 저절로 따를 것이다'라는 가르침은 우리에게 겸손과 존중의 중요성을 일깨워 줍니다. 자녀를 대할 때 우리의 지식이

맺음말 · 자녀와 함께 성장하는 지혜로운 부모의 길, 그 출발점에 서다

나 경험을 내세우기보다, 그들의 생각과 감정을 존중하고 이해해야 한다는 사실을 가슴 깊이 새기기 바랍니다.

이 모든 내용은 단순히 자녀 양육에만 국한되지 않습니다. 부모의 이런 태도는 모든 인간관계, 나아가 사회 전반에 적용될 수 있는 중요한 가치입니다. 우리가 자녀에게 이러한 태도를 보여준다면 그들 역시 타인을 존중하고 배려하는 성숙한 인격체로, 세상에 선한 영향력을 행사하는 사람으로 성장할 것입니다.

자녀와의 관계, 소통과 성장

—

'무천령 무권성(無遷令 無勸成)', '명령에 대해서는 바꾸려 하지 않고, 일은 억지로 이루려 하지 않는다'라는 가르침은 어떤가요. 이를 통해 자녀의 자율성을 존중해야 하는 이유를 알게 되었을 것입니다. 부모가 모든 일을 '대신' 판단해 주고, '대신' 결정해 주는 것이 아니라 자녀가 스스로 고민하고 선택하는 기회를 제공함으로써 그들의 판단력과 자신감을 키워줄 수 있습니다.

'철부지급(轍鮒之急)', '수레바퀴 자국의 괸 물에 있는 붕어'라는 비유도 기억할 것입니다. 이 이야기는 자녀의 상황을 깊이 이해하고 공감하는 것의 중요성을 가르쳐 주었습니다. 때로는 우리의 관점에서 사소해 보이는 문제가 자녀에게는 세상 그 무엇보다 중요한 문제일 수도 있습니다. 그들의 입장에서 생각하고, 그들의 감정을 이해하며, 그들의 필요에 적절히 응답하는 방법을 끊임없이 배워나가기 바랍니다.

자녀의 자율성을 존중한다는 건 그들에게 모든 것을 허용한다는 의미가 아닙니다. 명확한 경계와 규칙을 설정하되, 그 안에서 자유롭게 선택하고 결정할 수 있는 권한을 준다는 뜻입니다. 부모가 공감과 이해의 자세를 지니면 자녀들은 자신의 감정과 생각이 존중받고 있다고 느끼고 내면을 솔직하게 표현할 수 있게 됩니다.

무조건적인 사랑과 존중

―

장자에게 배운 자녀 양육의 지혜는 결국 하나의 큰 흐름으로 정리됩니다. '자녀를 있는 그대로 사랑하고 존중하는 것'이 바로 그것이죠. 자녀를 우리의 기대나 사회의 기준에 맞추려 하기보다는, 내면에 감추어진 고귀한 씨앗을 발견해 주고, 그것을 꽃피우도록 돕는 것이 진정한 부모의 역할입니다. 사회의 경쟁적인 분위기 속에서 자녀를 있는 그대로 받아들이는 것은 큰 용기를 요구합니다. 하지만 이러한 무조건적인 사랑과 수용이야말로 자녀의 건강한 성장과 행복을 위한 가장 중요한 토대가 됩니다.

장자는 '소요유(逍遙遊)'를 통해 각자의 본성대로 살아가는 자유로움을 강조했습니다. 이는 자녀 양육에 있어 중요한 시사점을 제공하는 말로, 우리는 이를 통해 아이의 고유한 개성과 재능을 인정하고 존중해야 한다는 사실을 깨달을 수 있습니다. 때로는 기대에 부합하지 않는 자녀의 모습에 실망할 수도 있습니다. 하지만 부모라면 그러한 모습을 문제가 아닌 축복으로 바라볼 수 있어야 합니다.

자녀를 있는 그대로 바라보는 것! 여기서부터 모든 것이 시작됩니다. 부모는 자녀들이 자신만의 고유한 '도'를 찾을 수 있도록 도와주어야 합니다. 그들의 재능과 관심사를 발견하고 발전시키는 것뿐만 아니라, 그들만의 독특한 세계관과 가치관을 형성할 수 있도록 도와야 합니다. 이를 통해 우리 아이들은 진정한 자아실현을 이루고, 세상에 유일무이한 존재로 거듭날 수 있습니다.

변화와 전통의 조화로운 공존

—

우리가 살고 있는 이 세상은 빠르게 변하고 있습니다. 기술의 발전, 사회 구조의 변화, 새로운 가치관의 등장 등 우리 자녀들이 마주하게 될 미래는 우리가 경험한 것과 매우 다를 것입니다. 이러한 변화 속에서 우리는 자녀를 어떻게 양육해야 할까요?

우리의 자녀 양육은 단순히 한 인간을 키우는 것을 넘어, 더 나은 세상을 만드는 첫걸음이라는 사실을 깨달았으면 합니다. 우리가 가정에서 실천하는 사랑과 존중, 이해와 배려는 자녀들을 통해 사회로 퍼져나갈 것입니다. 그리고 자녀들이 가정에서 경험한 긍정적인 가치들은 그들이 사회에 나가서도 건강하게 살아가는 힘이 될 것입니다.

우리는 자녀에게 단순히 지식을 전달하는 데 그치지 않고, 그들이 스스로 학습하고 적응하는 능력을 키울 수 있도록 도와주어야 합니다. 빠르게 변화하는 세상에서 특정 지식이나 기술은 금방 진부해질 수 있지만, 학습하는 방법을 배우고 새로운 상황에 적응하는 능력은 평생 유효한 자산이 될 것입니다. 이때 장자에게 배운 지혜를 자녀에게 투영할 수만 있다면 조금은 더 넉넉하게 여유를 갖고 아이들을 바라볼 수 있지 않을까요?

장자를 통해 얻은 지혜를 자녀와의 관계에 잘 적용해 보세요. 숙과 홀 그리고 혼돈의 사례에서 본 것처럼 멀쩡하기만 한, 아니 너무나도 건강한 우리 아이들의 몸과 마음에 구멍을 뚫는 오류를 범하는 일은 절대 없기를 바랍니다.

실패와 성장의 지혜로운 순환

—

자녀 양육의 여정에서 우리는 많은 실패와 좌절을 경험하게 될 것입니다. 때로는 우리의 기대에 미치지 못하는 자녀의 모습에 실망하기도 하고, 우리 자신의 부족함에 좌절하기도 하겠죠. 하지만 부모 그리고 아이의 실패와 좌절은 오히려 더 깊은 이해와 성장으로 이어질 수 있습니다. 우리와 아이들이 겪는 어려움과 실패는 단순한 시련이 아니라, 더 나은 부모가 되기 위한, 더 나은 성인이 되기 위한 소중한 학습 기회입니다.

장자는 '좌망(坐忘)', '모든 걸 잊고 현재에 집중하는 것'의 중요성을 강조했습니다. 우리는 종종 미래에 대한 걱정이나 과거의 후회에 사로잡혀 현재의 소중함을 놓치기도 합니다. 진정한 삶의 기쁨은 지금 이 순간 우리 아이들과 함께하는 시간 속에 있습니다. 세상 그 무엇보다 소중한 우리 아이들을 있는 그대로 받아들이며 따뜻하게 안아주는 것이야말로 진정한 부모의 역할입니다.

자녀 양육은 쉽게 끝나지 않는 여정입니다. 우리 아이들이 성인이 되어 독립한 후에도 우리는 계속해서 부모 역할을 해나갈 것입니다. 하지만 그때는 더욱 성숙하고 대등한 관계로 발전하겠죠? 장자는 대인자 불실기적자지심자야(大人者 不失其赤子之心者也), 즉 "대인이란 아이의 마음을 잃지 않은 사람이다"라고 말했습니다. 저는 여러분이 자녀를 양육하면서 잃어버린 순수함과 호기심 그리고 삶에 대한 열정을 되찾기를 바랍니다.

맺음말 · 자녀와 함께 성장하는 지혜로운 부모의 길, 그 출발점에 서다

나가며: 함께 성장하는 아름다운 여정

—

양육은 말로 표현할 수 없을 정도로 힘들지만 보람차고 아름다운 경험이기도 합니다. 우리는 자녀와 함께 성장하며 서로를 통해 더 나은 사람으로 거듭날 수 있습니다. 장자의 지혜는 우리에게 이 여정을 더욱 의미 있고 풍요롭게 만들 수 있는 통찰을 제공합니다. 무조건적인 사랑과 존중, 개성의 인정, 균형과 조화, 현재의 소중함… 우리는 자녀를 양육하면서 이 모든 것을 중요하게 생각해야 합니다.

완벽한 부모가 되기란 결코 쉬운 일이 아닙니다. 우리는 계속해서 배우고 성장할 수 있습니다. 자녀와 함께 그리고 다른 부모들과 함께 이 여정을 나누며 우리는 더 나은 부모, 더 나은 사람이 될 수 있습니다. 우리의 사랑과 지혜가 자녀들의 삶에 든든한 뿌리가 되어 그들이 어떤 역경에도 흔들리지 않고 자신의 길을 찾아갈 수 있기를 바랍니다.

우리의 여정은 끝이 아닌 시작입니다. 하루하루가 새로운 도전이자 배움의 기회가 될 것입니다. 그 여정에서 우리 모두 지혜롭고 행복한 부모로 성장하기를 그리고 참된 기쁨과 보람을 느끼기를 진심으로 기원합니다. 함께 걸어온 이 길이 모든 분에게 값진 선물이 되었기를 바랍니다.

마지막으로, 우리가 이 여정에서 얻은 지혜와 경험을 주변 사람들과 나누는 것을 잊지 마세요. 우리의 작은 실천이 많은 가정에 긍정적인 영향을 미치고, 나아가 우리 사회 전체를 더욱 따뜻하고 아름답게 만들 수 있습니다. 장자도 그런 모습을 간절히 바라지 않을까요?

감사합니다. 이 세상 모든 부모 그리고 아이들의 앞날에 사랑과 지혜가 가득하기를 바랍니다.

맺음말 · 자녀와 함께 성장하는 지혜로운 부모의 길, 그 출발점에 서다

기꺼이 버팀목이 되어 사랑을 주기로 했다

초판 1쇄 발행 2025년 1월 15일

지은이 김범준
브랜드 온더페이지
출판 총괄 안대현
책임편집 정은솔
편집 김효주, 심보경, 이제호
마케팅 김윤성
표지디자인 room501
본문디자인 김혜림

발행인 김의현
발행처 사이다경제
출판등록 제2021-000224호(2021년 7월 8일)
주소 서울특별시 강남구 테헤란로33길 13-3, 7층(역삼동)
홈페이지 cidermics.com
이메일 gyeongiloumbooks@gmail.com (출간 문의)
전화 02-2088-1804 **팩스** 02-2088-5813
종이 다올페이퍼 **인쇄** 재영피앤비
ISBN 979-11-94508-02-1(03590)